自然资源研究丛书

广西观赏植物图谱
乔木篇

陈　尔　李进华　林　茂　主编

广西科学技术出版社

图书在版编目（CIP）数据

广西观赏植物图谱. 乔木篇 / 陈尔，李进华，林茂主编.
—南宁：广西科学技术出版社，2024.5
ISBN 978-7-5551-1745-2

Ⅰ. ①广… Ⅱ. ①陈… ②李… ③林… Ⅲ. ①乔木—
观赏植物—广西—图谱 Ⅳ. ① Q948.526.7-64

中国版本图书馆 CIP 数据核字（2021）第 271627 号

GUANGXI GUANSHANG ZHIWU TUPU QIAOMU PIAN

广西观赏植物图谱 乔木篇

主 编 陈 尔 李进华 林 茂

责任编辑：梁珂珂 装帧设计：梁 良
责任校对：夏晓雯 责任印制：陆 弟

出 版 人：梁 志 出版发行：广西科学技术出版社
社 址：广西南宁市东葛路 66 号 邮政编码：530023
网 址：http://www.gxkjs.com

印 刷：广西民族印刷包装集团有限公司

开 本：787 mm × 1092 mm 1/16
字 数：246 千字 印 张：15.25
版 次：2024 年 5 月第 1 版 印 次：2024 年 5 月第 1 次印刷
书 号：ISBN 978-7-5551-1745-2
定 价：198.00 元

《广西观赏植物图谱·乔木篇》
编委会

主　　编：陈　尔　李进华　林　茂

副 主 编：冷光明　吴国文　孙开道

编　　委（按姓氏音序排列）：　　陈宝玲[2]　陈　尔[2]　冷光明[1]

李　冰[2]　李进华[2]　林建勇[2]　林　茂[2]　刘雁玲[2]　马坚炜[2]

石继清[2]　孙开道[2]　孙利娜[2]　唐　庆[2]　吴国文[2]　杨开太[2]

杨舒婷[2]　叶明琴[3]　周　琼[3]

图片拍摄：李进华　林建勇

编委单位：1. 广西壮族自治区林业局

2. 广西壮族自治区林业科学研究院

3. 广西大学

前 言

广西地处南亚热带季风气候区，在太阳辐射、大气环流和地理环境的共同作用下，形成了气候温暖、雨热充沛、日照适中、冬短夏长的气候特点。得天独厚的自然资源和特殊的地理环境造就了广西丰富的生物多样性。文献资料记载，广西物种资源种类位居全国第三位，具有开发前景的观赏植物资源1400多种，素有"花卉宝库"之称。为进一步掌握广西观赏植物的种类、分布、生长状况等信息，挖掘新优和特色观赏植物资源，进一步加快推进广西花卉苗木产业发展，编写团队对广西各地的观赏植物进行资源调查和照片采集，并将结果汇编成册。本套书共三册，分别为乔木篇、灌木篇和草本篇，其中乔木篇介绍了61科217种植物。书中详细介绍各观赏植物，包括中文名、拉丁名、别名、形态特征、花果期、产地与分布、生态习性、繁殖方法、观赏特性与应用等，每个树种配多幅图片。

本书各科的排列，蕨类植物按秦仁昌1978年系统排列，裸子植物按郑万钧、傅立国1977年《中国植物志》（第七卷）的分类系统排列，被子植物按哈钦松系统排列。属、种按拉丁名字母顺序排列。书中植物的中文名、拉丁名、形态特征、生态习性、产地与分布的描述参考《中国植物志》《广西树木志》《广西植物名录》等。

本书的出版获广西壮族自治区林业局2018年自治区本级部门预算林业花卉产业示范补助项目"广西主要乡土观赏树种名录"的支持，编写过程中得到广西壮族自治区林业科学研究院梁瑞龙教授级高级工程师及林建勇高级工程师的无私帮助，在此对他们表示衷心感谢。

本书通过大量实物照片展示广西主要观赏植物，可为广西花卉苗木总体规划和布局、生产、园林应用提供依据和参考，也可为从事广西观赏植物资源研究的师生提供参考。受编者时间、精力等条件限制，书中遗漏或错误之处在所难免，敬请广大读者和专家批评指正并提出宝贵意见。

编 者

2023 年 12 月

目　录

苏铁科

篦齿苏铁 *Cycas pectinata* Buch.-Ham.

科　　属： 苏铁科苏铁属。

别　　名： 凤尾蕉、龙尾苏铁、刺叶苏铁、华南苏铁。

形态特征： 树干圆柱形，高可达 3 m。一回羽状叶；羽状裂片 80～120 对，条形或披针状条形，厚革质。雄球花圆柱形，具短梗，小孢子叶楔形，顶部三角形或斜方形；雌球花由多数大孢子构成，大孢子叶密被黄褐色茸毛。种子卵球形，熟时暗红褐色。

花 果 期： 花期 5～6 月，果期 10～11 月。

产地与分布： 产于我国云南南部。印度、泰国、越南、老挝等国有分布。我国广西南宁、桂林等市有栽培。

生态习性： 多生于石灰岩山地，也能在砂岩发育成的酸性土上生长。

繁殖方法： 播种繁殖、扦插繁殖、分蘖繁殖。

观赏特性与应用： 枝叶繁茂，形状优美，具有较强的观赏性，常种于庭院、公园、公路旁等。

银杏科

银杏 *Ginkgo biloba* L.

科　　属：银杏科银杏属。

别　　名：公孙树、白果。

形态特征：落叶大乔木，高可达 40 m。树皮灰褐色，深纵裂。叶片扇形，淡绿色，无毛，秋季落叶黄色。球花单性，雌雄异株，簇生于短枝顶端鳞片状叶的叶腋；雄球花长椭球形，淡黄色，下垂；雌球花具长梗，淡绿色。种子椭球形、卵球形或球形，熟时黄色或橘黄色，具长柄。

花 果 期：花期 3 月下旬至 5 月，种子 9～10 月成熟。

产地与分布：原产于浙江天目山。在广西主要分布于桂林、梧州等市和三江、隆林、罗城等县。

生态习性：喜光。在排水较好、肥沃、深厚的土壤上生长较好，不耐干旱和瘠薄，不耐盐碱地等。

繁殖方法：播种繁殖、扦插繁殖、嫁接繁殖、压条繁殖等。

观赏特性与应用：树形优美，春夏季叶色嫩绿，秋季叶变黄色，颇为美观，可作庭院树及行道树。

南洋杉科

南洋杉 *Araucaria cunninghamii* Sweet

科　　属：南洋杉科南洋杉属。

别　　名：细叶南洋杉、肯氏南洋杉。

形态特征：常绿乔木，高 60～70 m。幼树树冠尖塔形，老则成平顶状。树皮横裂，灰褐色，较粗糙。叶片革质，钻形或针形，微弯；大树及花果枝上的叶排列紧密而叠盖，微向上弯，三角状卵形。雄球花单生于枝顶，圆柱形。球果卵形、椭球形或苞鳞楔状倒卵形。种子椭球形，两侧具结合生长的膜质翅。

花 果 期：花期 4～5 月，果期 10～12 月。

产地与分布：原产于大洋洲。我国广西各地有栽培。

生态习性：最适宜在温暖湿润、排水良好的砂土和玄武岩形成的黏壤土上生长。生长速度快，不耐寒，忌干旱，冬季需充足阳光。

繁殖方法：播种繁殖、扦插繁殖、分蘖繁殖。

观赏特性与应用：树干高大挺直，整齐壮美，常种于公园、庭院、公路旁等，也作盆栽观赏。木材可作建筑、器具、家具等用材。

异叶南洋杉 *Araucaria heterophylla* (Salisb.) Franco

科　　属：南洋杉科南洋杉属。

别　　名：澳洲杉、猴子杉、诺和克南洋杉。

形态特征：乔木，高可达 50 m。树冠塔形。树皮暗灰色，裂成薄片状脱落。树干通直；大枝平伸，小枝平展或下垂，侧枝常羽状排列且下垂。叶二型；幼树及侧生小枝的叶钻形，亮绿色；大树及花果枝上的叶宽卵形或三角状卵形。雄球花单生于枝顶，圆柱形。球果球形或椭球形。种子椭球形，稍扁，两侧具结合生长的宽翅。

花 果 期：花期 4～5 月，果第三年秋后成熟。

产地与分布：分布于诺福克岛和新喀里多尼亚。在我国广西主要分布于南宁、桂林、梧州等市。我国福州、广州等市有引种栽培，作庭院树。

生态习性：最适宜在温暖湿润、排水良好的砂土和玄武岩形成的黏壤土上生长。生长速度快，不耐寒，忌干旱，冬季需充足阳光。

繁殖方法：播种繁殖、扦插繁殖、分株繁殖、分根繁殖。

观赏特性与应用：树干高大挺直，整齐壮美，常种于庭院、公园等，也作盆栽观赏。木材可作建筑、器具、家具等用材。

松 科

科　　属：松科油杉属。

形态特征：乔木，高可达 20 m。树皮黑褐色。小枝无毛或近无毛；叶痕近圆形；当年生枝黄色，去年生枝和三年生枝淡黄灰色或灰色；冬芽球形。叶片在侧枝上排成两列，条形，基部楔形，具短柄，腹面亮绿色，背面被白粉。球果圆柱形，熟时淡绿色或淡黄绿色。

花 果 期：花期 4 ~ 5 月，种子 10 ~ 11 月成熟。

产地与分布：我国特有种，易濒危。产于广西灵川、平乐、融安等县，南宁、桂林等市有栽培。

生态习性：多生于石灰岩山地，在酸性土上也能生长。

繁殖方法：播种繁殖、扦插繁殖。

观赏特性与应用：可作行道树，也可选作造林树。可栽培于公园、庭院。木材可作建筑、家具等用材。

油杉 *Keteleeria fortunei* (Murr.) Carr.

科　　属：松科油杉属。

别　　名：海罗松、杜松、松梧。

形态特征：常绿乔木，高可达 30 m。树冠塔形。树皮粗糙，暗灰色。当年生枝有毛或无毛，干后橘红色或淡粉红色，去年生枝和三年生枝淡黄灰色或淡黄褐色，常不开裂。叶片在侧枝上排成两列，条形，先端圆或钝，基部渐窄，腹面亮绿色，背面淡绿色。球果圆柱形，熟时淡褐色或淡栗色。

花　果　期：花期 3～4 月，种子 10 月成熟。

产地与分布：产于浙江南部、福建、广东、广西南部沿海山地。

生态习性：生于海拔 400～1200 m、气候温暖、降水量大、土壤为酸性红壤或黄壤的地区。

繁殖方法：播种繁殖、扦插繁殖。

观赏特性与应用：可作造林树和园林树，如行道树、公园绿化树等。木材坚实耐用，可作建筑、家具等用材。

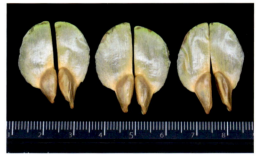

杉 科

柳杉 *Cryptomeria japonica* var. *sinensis* Miquel

科　　属：杉科柳杉属。

别　　名：长叶孔雀松。

形态特征：常绿乔木，高可达 40 m。树皮红褐色。叶螺旋状排列，叶片钻形。雌雄同株；雄球花长圆形，雌球花近球形。球果近球形；种鳞宿存，木质，盾形，上部肥大，近顶部具 3 ~ 7 枚裂齿，中部具三角状分离的苞鳞尖头；发育的种鳞具种子 2 ~ 5 粒。种子具窄翅。

花 果 期：花期 4 月，球果 10 月成熟。

产地与分布：我国特有种。浙江、福建、江西、江苏、安徽、山东、河南、湖北、湖南、四川、贵州、云南、广东等省有栽培，广西柳州、桂林、玉林、南宁等市有引种栽培。

生态习性：幼龄期稍耐阴，后渐喜光。耐寒，亦耐高温，在融水元宝山海拔 1500 m 处生长正常。喜湿润气候和排水良好且肥厚的酸性土。

繁殖方法：播种繁殖。

观赏特性与应用：树姿优美，叶常青，可作庭院绿化树和高海拔山地用材树。木材结构细致，纹理通直，材质轻软，耐腐性强，易加工，可作建筑、家具、器具、造纸等用材。

水松 *Glyptostrobus pensilis* (Staunt. ex D. Don) K. Koch

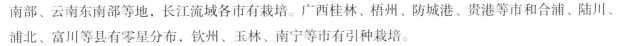

科　　属：杉科水松属。

别　　名：水杉松、水石松、孔雀松。

形态特征：半常绿乔木，高 8 ~ 10 m。树干基部膨大成柱槽状，具外露的呼吸根；树干具扭纹。叶片鳞形、条形或条状钻形。雌雄同株，球花单生于具鳞形叶的小枝顶端；雄球花椭球形，雌球花近球形或卵状椭球形。

花 果 期：花期 1 ~ 2 月，果期 10 ~ 11 月。

产地与分布：我国特有种，国家一级重点保护野生植物。主要分布于广东珠江三角洲、福建南部、江西东部、四川东南部、云南东南部等地，长江流域各市有栽培。广西桂林、梧州、防城港、贵港等市和合浦、陆川、浦北、富川等县有零星分布，钦州、玉林、南宁等市有引种栽培。

生态习性：不耐低温。喜光，喜潮湿环境，多生于河流两岸，常栽培于水边及田埂上。对土壤适应性较强，但不生于盐碱地。

繁殖方法：播种繁殖。

观赏特性与应用：树形优美，可作庭院的绿化观赏树。根系发达，可作防堤树。

水杉 *Metasequoia glyptostroboides* Hu et W. C. Cheng

科　　属：杉科水杉属。

别　　名：水桫、梳子杉。

形态特征：落叶乔木，高可达 35 m。树干基部常膨大。叶片条形，背面中脉两侧各具 4～10 条灰白色气孔线。雌雄同株；雄球花单生于叶腋或枝顶，排成总状花序或圆锥花序；雌球花单生于去年生枝枝顶或近枝顶。球果下垂，近四棱状球形或矩圆状球形。种子倒卵形、球形或矩圆形。

花　果　期：花期 2～3 月，果期 10～11 月。

产地与分布：我国特有种。分布于湖北、四川、湖南等省。现在北至辽宁南部、辽东半岛，南达广州，东至江苏、浙江、山东，西至四川成都、云南昆明、陕西武功、甘肃天水等地广为栽培。广西各地的城市公园、植物园、树木园等有引种栽培。

生态习性：对土壤适应性较强，在酸性土、钙质土和轻度盐碱土上均可生长。不耐干旱。

繁殖方法：播种繁殖或扦插繁殖，扦插繁殖较易成活。

观赏特性与应用：干形端直，常作道路、庭院的绿化观赏树。

池杉 *Taxodium distichum* var. *imbricatum* (Nuttall) Croom

科　　属：杉科落羽杉属。

别　　名：池柏、沼落羽松。

形态特征：落叶大乔木，在原产地高可达 50 m。干基通常膨大，有屈膝状呼吸根。叶在枝上螺旋状伸展，上部的叶微向外伸展或近直展，下部的叶通常贴近小枝；叶片钻形，微向内弯曲，不成 2 列。球果球形或卵球形。种子不规则三角形，褐色。

花 果 期：花期 3 月，果期 10 月。

产地与分布：原产于北美洲东南部沼泽地区。我国自 20 世纪初开始引种，现湖北、湖南、广东、江苏、浙江、安徽、福建、江西、河南、山东、陕西等省有栽培。我国广西南宁、柳州、桂林等市和合浦县有引种栽培。

生态习性：耐水湿，也耐干旱，适宜在低湿地区生长。

繁殖方法：播种繁殖。

观赏特性与应用：树形优美，可作庭院的绿化观赏树。

落羽杉 *Taxodium distichum* (L.) Rich.

科　　属：杉科落羽杉属。

别　　名：落羽松、美国水松。

形态特征：落叶大乔木，高可达 50 m。干基通常膨大，有屈膝状呼吸根。叶在小枝上排成 2 列，羽状；叶片条形，扁平，先端尖，基部扭转。球果球形或卵球形，向下斜垂，熟时淡褐黄色，被白粉。种子不规则三角形，具锐棱，褐色。

花 果 期：花期 3 月，果期 10 月。

产地与分布：原产于北美洲。我国于 1917 年左右在长江流域、华南低湿地区及城市园林引种栽培，1970 年后各地将其作为速生丰产林造林树种大面积引种栽培。我国广西南宁、桂林、钦州、玉林等市有栽培。

生态习性：耐水湿，也耐干旱。

繁殖方法：播种繁殖。

观赏特性与应用：树形优美，可作庭院的绿化观赏树。

柏　科

柏木 *Cupressus funebris* **Endl.**

科　　属：柏科柏木属。

别　　名：垂柏、柏树。

形态特征：乔木，高可达 35 m。小枝棱形或圆柱形，着生鳞叶，不排成平面。鳞叶交叉对生，仅幼苗或萌芽枝上的叶为刺叶。球花雌雄同株，单生于枝顶；雄球花长椭球形，黄色；雌球花近球形。球果球形或近球形。种子长圆形或倒卵形，稍扁，具棱角，两侧具窄翅。

花 果 期：花期 4～5 月，果期翌年 5～6 月。

产地与分布：我国特有种。分布很广，北至陕西、甘肃，南达广东、贵州、云南等地有分布。广西各地有栽培。

生态习性：阳性树种，适生于温暖湿润气候。对土壤适应性强，在酸性、中性、微酸性及钙质土上均能生长，耐干旱、瘠薄，在石灰岩山地生长良好。

繁殖方法：播种繁殖。

观赏特性与应用：四季常绿，是良好的园林观赏树及城乡绿化树。

圆柏 *Juniperus chinensis* Linnaeus

科　　属：柏科刺柏属。

别　　名：珍珠柏、桧柏、红心柏。

形态特征：乔木，高可达 20 m。叶二型，具刺叶及鳞叶，刺叶生于幼树，老树全为鳞叶，壮龄树兼具刺叶与鳞叶。花雌雄异株，稀同株；球花顶生，雄球花椭球形，黄色。球果近球形，2 年成熟，熟时暗褐色，被白粉。种子 1～4 粒，卵球形。

花 果 期：花期 4～5 月，果期翌年 5～6 月。

产地与分布：分布很广，北至内蒙古乌拉山，南达广东及云南等地有分布。在广西主要栽培区为南宁、桂林、柳州等市。

生态习性：喜光，抗寒性、抗旱性较强，能抗多种有害气体。对土壤适应性强，可生于中性土、钙质土及微酸性土上。

繁殖方法：播种繁殖、扦插繁殖、嫁接繁殖。

观赏特性与应用：树形优美，耐修剪，为普遍栽培的庭院树，还有多个园艺栽培变种。

龙柏 *Juniperus chinensis* 'Kaizuka'

科　　属：柏科刺柏属。

别　　名：匍地龙柏、龙爪柏、爬地龙柏。

形态特征：圆柏的一个园艺栽培种。常绿小乔木，高4~8 m。小枝密，分枝低；大枝向上直伸或向一方旋转生长，形成圆柱状或柱状塔形树冠。叶全为鳞叶；叶片幼嫩时淡黄绿色，后变翠绿色。球果蓝色，稍被白粉。

花　果　期：花期4~5月，果期翌年5~6月。

产地与分布：分布很广，北至内蒙古乌拉山，南达广东及云南等地有分布。广西南宁、桂林、柳州等市有栽培。

生态习性：喜光，抗寒性、抗旱性较强。对土壤适应性强，可生于中性土、钙质土及微酸性土上。

繁殖方法：播种繁殖、扦插繁殖、嫁接繁殖。

观赏特性与应用：树形优美，耐修剪，为普遍栽培的庭院树。

侧柏 *Platycladus orientalis* (L.) Franco

科　　属：柏科侧柏属。

别　　名：扁桧、香柏、黄柏。

形态特征：常绿乔木，高可达 20 m。小枝细，向上直展或斜展，扁平，排成平面。大树的叶全为鳞叶。雄球花卵球形；雌球花近球形，蓝绿色，被白粉。球果熟前近肉质，蓝绿色，被白粉；熟后木质，红褐色。种子灰褐色或紫褐色。

花 果 期：花期 3～4 月，果期 9～10 月。

产地与分布：分布极广，遍及全国。广西各地有栽培。

生态习性：喜光，但幼苗、幼树有一定的耐阴能力。较耐寒，耐干旱，耐贫瘠，喜湿润。可在微酸性至微碱性土上生长。

繁殖方法：以种子繁殖为主，也可扦插繁殖或嫁接繁殖。

观赏特性与应用：生长缓慢，寿命极长，萌芽性强，耐修剪，常作庭院树。

罗汉松科

长叶竹柏 *Nageia fleuryi* (Hickel) de Laubenfels

科　　属：罗汉松科竹柏属。

别　　名：桐木树、竹叶球。

形态特征：乔木，高可达 20 m。叶片厚革质，阔披针形，上部渐窄，先端渐尖，基部楔形。雄球花花穗腋生，常 3～6 个花序簇生于短梗上；雌球花单生于叶腋。种子球形。

花果期：花期 4 月，种子 10～11 月成熟。

产地与分布：易危种。分布于广东、海南、云南等省。在广西分布于合浦县、大明山等，散生于海拔 1800 m 以下的常绿阔叶林中。

生态习性：耐阴，喜温暖、湿润、肥沃的砂质酸性土，要求排水良好。

繁殖方法：播种繁殖。

观赏特性与应用：枝叶翠绿，树形美观，是优良的庭院、风景区绿化树。

竹柏 *Nageia nagi* (Thunberg) Kuntze

科　　属： 罗汉松科竹柏属。

别　　名： 大果竹柏、窄叶竹柏、船家树、猪油木、铁甲树。

形态特征： 常绿乔木,高可达 20 m。树皮接近平滑,红褐色或暗紫红色。树冠广圆锥形。枝条开展或伸展。叶对生；叶片革质,卵形或椭圆形,腹面深绿色,有光泽,背面浅绿色,基部楔形或宽楔形。雄球花穗状圆柱形,单生于叶腋,常分枝；雌球花单生于叶腋,稀成对腋生。种子球形；熟时假种皮暗紫色,被白粉。

花 果 期： 花期 3~4 月,种子 10~11 月成熟。

产地与分布： 产于我国广西桂林市,博白、天等、金秀等县和大明山；也产于广东、福建、江西、湖南、四川等省。日本有分布。

生态习性： 喜暖热、雨季气候,耐阴。对土壤要求高,适生于酸性砂壤土或轻黏壤土。

繁殖方法： 播种繁殖、扦插繁殖。

观赏特性与应用： 树形美观,可作行道树、四旁树等。

短叶罗汉松 *Podocarpus chinensis* **Wall. ex J. Forbes**

科　　属：罗汉松科罗汉松属。

别　　名：短叶土杉、小叶罗汉松、小罗汉松。

形态特征：常绿小乔木，高可达 15 m。老干深褐色至黑褐色，外皮纵向条状剥裂。枝较短而柔软，灰绿色。叶螺旋状簇生，单叶；叶片革质，短条带状披针形，先端钝尖，基部浑圆或楔形，浓绿色，中脉明显，叶柄极短。雄花穗状；雌球花单生于叶腋。种子广卵球形或球形，熟时紫色或紫红色，被白霜。

花 果 期：花期 5 月，种子 10～11 月成熟。

产地与分布：原产于云南省山区。江苏、浙江、福建、江西、湖南、湖北、陕西、四川、云南、贵州、广西、广东等省（自治区）有栽培。

生态习性：喜阳，稍耐阴。喜温和湿润气候，不耐轻霜。适生于疏松、肥沃、排水良好的微酸性壤土上。

繁殖方法：播种繁殖、扦插繁殖。

观赏特性与应用：树形优美，耐修剪，常作庭院树或盆栽。

罗汉松 *Podocarpus macrophyllus* (Thunb.) Sweet

科　　属： 罗汉松科罗汉松属。

别　　名： 土杉、罗汉杉。

形态特征： 常绿乔木，高可达 20 m。树皮灰色或灰褐色，浅纵裂，呈薄片状脱落。枝开展或斜展，较密。叶片螺旋状、条状，微弯，基部楔形，腹面深绿色，有光泽，背面带白色、灰绿色或淡绿色。雄球花穗状、腋生，常 3～5 个簇生于极短的花序梗上；雌球花单生于叶腋，具梗，基部具少数苞片。种子卵球形，熟时肉质；假种皮紫黑色，被白粉；种托肉质圆柱形，红色或紫红色。

花 果 期： 花期 4～5 月，种子 8～9 月成熟。

产地与分布： 产于我国广西乐业、上思等县及大明山，也产于广东、云南、江苏、浙江、福建、安徽、江西、湖南、四川等省。日本有分布。

生态习性： 喜温暖湿润气候，耐潮湿，在海边生长良好。适生于排水良好、肥沃的土壤上。

繁殖方法： 播种繁殖、扦插繁殖。

观赏特性与应用： 可作庭院树，也常用于盆景。

百日青 *Podocarpus neriifolius* D. Don

科　　属：罗汉松科罗汉松属。

别　　名：脉叶罗汉松、竹叶松。

形态特征：常绿乔木，高可达 25 m。树皮灰褐色，成片状纵裂。叶螺旋状着生；叶片厚革质，披针形，常微弯，上部渐窄，先端具渐尖的长尖头，基部楔形，具短柄，中脉在腹面隆起，在背面微隆起或近平。雄球花穗状，单生或 2～3 个簇生。种子卵球形，顶端圆或钝，熟时肉质；假种皮紫红色；种托肉质橙红色。

花 果 期：花期 5 月，种子 10～11 月成熟。

产地与分布：产于我国广西罗城、上思等县及大明山，也产于广东、福建、台湾、江西、湖南、贵州、四川、西藏、云南等省（自治区）。尼泊尔、印度、不丹、缅甸、越南、老挝、印度尼西亚、马来西亚有分布。

生态习性：喜温暖湿润气候。适宜在排水良好、肥沃的土壤上生长。

繁殖方法：播种繁殖、扦插繁殖。

观赏特性与应用：木材黄褐色，纹理直，结构细密，硬度中等，可作家具、乐器、文具及雕刻等用材。可作庭院树。

小叶罗汉松 *Podocarpus pilgeri* Foxw

科　　属： 罗汉松科罗汉松属。

别　　名： 珍珠罗汉松、短叶罗汉松。

形态特征： 常绿乔木，高可达 15 m。树皮赭黄色带白色或褐色。叶片革质或薄革质，斜展，椭圆形，腹面绿色，有光泽，背面色淡，干后淡褐色。雄球花穗状，单生或 2～3 个簇生于叶腋；雌球花单生于叶腋。种子椭球形或卵球形；种托肉质，圆柱形。

花　果　期： 花期 4～5 月，种子 8 月成熟。

产地与分布： 产于我国广西金秀、鹿寨等县及大明山，也产于广东、海南等省。菲律宾、印度尼西亚有分布。

生态习性： 喜温暖湿润气候。适宜在排水良好、肥沃的土壤上生长。

繁殖方法： 播种繁殖、扦插繁殖。

观赏特性与应用： 常用于公园、庭院等地的景观造景。

红豆杉科

南方红豆杉 *Taxus wallichiana* var. *mairei* (Lemée & H. Lév.) L. K. Fu & Nan Li

科　　属：红豆杉科红豆杉属。

别　　名：红豆树、观音杉。

形态特征：常绿乔木，高可达 30 m。树皮褐色，裂成条片状脱落。叶排成 2 列；叶片线形，微弯或直，上部较窄，先端微急尖，具短刺状尖头。花雌雄异株，球花单生于叶腋；雄花球形，具梗；雌花近无梗。种子坚果状，熟时假种皮红色。

花 果 期：花期 3～4 月，种子 10 月成熟。

产地与分布：我国特有种，国家一级重点保护野生植物。产于广西灌阳、资源、龙胜、灵川、兴安、荔浦、临桂、全州、融水、环江、龙州等县（区、市）。分布于湖南、湖北、甘肃、陕西、安徽、四川、云南、贵州等省。

生态习性：喜阴。耐寒，忌酷热。喜湿润，在空气湿度较大的环境中生长良好。适宜在富含有机质且排水良好的土壤上生长。

繁殖方法：种子繁殖。

观赏特性与应用：树体高大，树形端正，枝叶繁多，终年翠绿，果期更美，生长较慢，修剪后能长时间保持一定形状，是庭院、公园的高档观赏树。

木兰科

科　　属：木兰科厚朴属。

别　　名：紫朴、紫油朴、温朴。

形态特征：落叶乔木。树皮厚，褐色，不开裂。小枝粗壮，淡黄色或灰黄色，幼时被绢毛；顶芽大，狭卵状圆锥形，无毛。叶 7～9 片聚生于枝顶；叶片大，近革质，长圆状倒卵形，先端短急尖或钝圆，基部楔形，边缘全缘而微波状，腹面绿色，无毛，背面灰绿色，被灰色柔毛，被白粉。花白色，芳香。聚合果长圆状卵球形。种子三角状倒卵形。

花 果 期：花期 5～6 月，果期 8～10 月。

产地与分布：产于陕西南部、甘肃东南部、河南东南部、湖北西部、湖南西南部、四川中部和东部、贵州东北部。广西北部和东北部有栽培。

生态习性：喜阳。喜湿润气候。喜土层深厚、肥沃、疏松、腐殖质丰富、排水良好的微酸性或中性土。

繁殖方法：播种繁殖、扦插繁殖、压条繁殖。

观赏特性与应用：叶大荫浓，花大美丽，枝叶繁茂，花形优美，花期长，兼具观赏价值与药用价值。常种于庭院或公园供绿化观赏。

鹅掌楸　*Liriodendron chinense* (Hemsl.) Sarg.

科　　属：木兰科鹅掌楸属。

别　　名：马褂木、双飘树。

形态特征：乔木。小枝灰色或灰褐色。叶片马褂形，近基部每边具 1 枚侧裂片，先端 2 浅裂，背面苍白色。花杯形；花被片 9 片，外轮 3 片绿色，萼片状，向外弯垂，内两轮直立，花瓣状倒卵形，绿色，具黄色纵条纹。聚合小坚果具翅，顶端钝或钝尖。种子 1～2 粒。

花　果　期：花期 5 月，果期 9～10 月。

产地与分布：产于广西兴安、资源、龙胜、灌阳、临桂等县（区）及九万大山，南宁、梧州、柳州、桂林、河池等市有引种栽培。秦岭以南地区，东起浙江，西至云南都有分布。

生态习性：喜光及温暖湿润气候，有一定抗寒性。喜土层深厚、肥沃、湿而排水良好的酸性或微酸性土。

繁殖方法：播种繁殖、扦插繁殖。

观赏特性与应用：树形雄伟，叶形奇特，花大美丽，是世界名贵树种之一。黄色花朵形似杯状的郁金香，故欧洲人称之为"郁金香树"。是城市中极佳的行道树、庭荫树，可丛植、列植或片植于草坪、公园入口处。对有害气体的抗性较强，是工矿区绿化的优良树种之一。

木莲 *Manglietia fordiana Oliv.*

科　　属： 木兰科木莲属。

别　　名： 乳源木莲、野枇杷、松谷庵木莲。

形态特征： 乔木，高可达 20 m。嫩枝及芽被红褐色短毛，后脱落无毛。叶片革质，狭倒卵形、狭椭圆状倒卵形或倒披针形，先端短急尖，通常尖头钝，基部楔形，背面疏生红褐色短毛。花被片纯白色，每轮 3 片。聚合果熟时褐色，卵球形。种子红色。

花　果　期： 花期 5 月，果期 10 月。

产地与分布： 产于福建、广东、广西、贵州、云南等省（自治区）。广西各地有分布。

生态习性： 喜温暖湿润气候。幼年耐阴，长大后喜光。喜肥沃的酸性土。

繁殖方法： 播种繁殖、嫁接繁殖。

观赏特性与应用： 树姿优美，枝叶浓密，花大且芳香，果实鲜红，是优良的园林观赏树。常种于庭院或公园供绿化观赏。

灰木莲 *Manglietia glauca* **Blume**

科　　属：木兰科木莲属。

别　　名：落叶木莲。

形态特征：常绿乔木，高可达 26 m。树皮灰色，平滑。小枝灰褐色，具皮孔和环状条纹。叶片革质，长椭圆状披针形，先端短尖，通常钝，基部楔形，边缘全缘，腹面有光泽，背面灰绿色，被白粉；叶柄红褐色。花单生于枝顶，白色。聚合果卵形；蓇葖肉质，深红色，熟后木质，紫色。

花 果 期：花期 3～5 月，果期 9～10 月。

产地与分布：产于越南长山山脉及印度尼西亚爪哇岛。我国广西南宁、河池、柳州、崇左等市有栽培。

生态习性：喜温暖湿润气候。不耐瘠薄和干旱，忌积水，喜土层深厚、疏松、湿润的赤红壤和红壤。

繁殖方法：组织培养、播种繁殖、扦插繁殖、嫁接繁殖。

观赏特性与应用：四季常绿，树冠浑圆，枝叶并茂，绿荫如盖，干形通直，树形优美，花多且花期长，花大而洁白，秀丽动人，散发清香，是优良的绿化观赏树。适应性较强，适孤植、群植于街道、公园、庭院、路旁草坪或名胜古迹处。

荷花木兰 *Magnolia grandiflora* L.

科　　属：木兰科北美木兰属。

别　　名：广玉兰、洋玉兰、白玉兰。

形态特征：常绿乔木，在原产地高可达 30 m。树皮淡褐色或灰色，薄鳞片状开裂。小枝、芽及叶片背面、叶柄均密被褐色或灰褐色短茸毛。叶片厚革质，椭圆形、长圆状椭圆形或倒卵状椭圆形，先端钝或短钝尖，基部楔形，腹面深绿色，有光泽。花白色，芳香；花被片 9 ~ 12 片。聚合果圆柱状长圆形或卵球形。种子近卵球形或卵形，外种皮红色。

花　果　期：花期 5 ~ 6 月，果期 9 ~ 10 月。

产地与分布：原产于美国东南部,分布于北美洲及我国长江以南地区。我国广西各地有引种栽培。

生态习性：喜光，幼时稍耐阴。喜温暖湿润气候，有一定抗寒性。适生于干燥、肥沃与排水良好的微酸性或中性土。

繁殖方法：播种繁殖、嫁接繁殖。

观赏特性与应用：树姿优美，枝叶浓密，花大且芳香，状如荷花，果实鲜红，是美丽的庭院、公园、游乐园绿化观赏树。适宜孤植、对植、群植等。

白兰 *Michelia×alba* DC.

科　　属：木兰科含笑属。

别　　名：白缅花、白兰花、缅桂花、天女木兰、黄桷兰。

形态特征：常绿乔木，高可达 17 m。树皮灰色。枝叶揉碎后芳香；嫩枝及芽密被淡黄白色微柔毛，老时毛渐脱落。叶片薄革质，长椭圆形或披针状椭圆形，腹面无毛，背面疏生微柔毛，干时两面网脉均很明显。花白色，极香；花被片 10 片，披针形；雌蕊心皮多数，熟时随着花托的延伸形成蓇葖果疏生的聚合果。蓇葖果熟时鲜红色，通常不结实。

花 果 期：花期 4～9 月。

产地与分布：原产于印度尼西亚爪哇岛。我国福建、广东、海南、云南等省栽培极盛，长江流域均可种植。我国广西除北部外普遍栽培。

生态习性：喜光，怕高温，不耐寒，适生于微酸性土。

繁殖方法：空中压条繁殖、播种繁殖、嫁接繁殖。

观赏特性与应用：树冠阔伞形，叶色浓绿，花洁白清香，花期长，是著名的庭院观赏树。多作行道树。

合果木 *Michelia baillonii* (Pierre) Finet & Gagnepain

科　　属：木兰科含笑属。

别　　名：合果含笑、山桂花、山缅桂。

形态特征：大乔木，高可达50 m。嫩枝、叶柄、叶片背面均被淡褐色平伏长毛。叶片椭圆形、卵状椭圆形或披针形，先端渐尖，基部楔形、阔楔形，腹面初被褐色平伏长毛，中脉凹陷，残留长毛。花芳香，黄色；花被片18～21片，1轮6片，外2轮倒披针形，内轮披针形。聚合果肉质，倒卵球形、椭圆状圆柱形。

花　果　期：花期3～5月，果期8～10月。

产地与分布：产于云南西双版纳、思茅、元江中游。广西南宁市、崇左市凭祥市等有引种栽培。

生态习性：喜阴。适应性强，在土壤瘠薄地区也能生长良好，在湿润、肥沃的土壤上生长快速。

繁殖方法：空中压条繁殖、播种繁殖、嫁接繁殖。

观赏特性与应用：花洁白浓香，叶色浓绿，是著名的庭院观赏树。多作行道树，可孤植、对植、群植等。

苦梓含笑 *Michelia balansae* (A. DC.) Dandy

科　　属： 木兰科含笑属。

别　　名： 苦梓、绿楠、八角苦梓、春花苦梓。

形态特征： 常绿乔木。树皮平滑，灰色或灰褐色。芽、嫩枝、叶柄、叶片背面、花蕾及花梗均密被褐色茸毛。叶片厚革质，长圆状椭圆形或倒卵状椭圆形，腹面近无毛。花芳香；花被片白色带淡绿色，6片，倒卵状椭圆形。蓇葖果椭圆状卵球形、倒卵球形或圆柱形。种子近椭球形，一端或两端平；外种皮鲜红色，内种皮褐色。

花 果 期： 花期 4 ~ 7 月，果期 8 ~ 10 月。

产地与分布： 产于广东东南部至西南部、海南、广西南部、云南东南部。

生态习性： 喜阴。喜湿润、肥沃的土壤。

繁殖方法： 扦插繁殖、圈枝繁殖、嫁接繁殖。

观赏特性与应用： 树姿挺拔，树形美观，叶形优美，枝繁叶茂，花芳香美丽，果形奇特而颜色艳丽，是庭院和行道的优良观赏树。可孤植、对植、群植等。

黄缅桂 *Michelia champaca* L.

科　　属： 木兰科含笑属。

别　　名： 黄兰含笑、黄玉兰、黄桷兰。

形态特征： 常绿乔木。树冠狭伞形。枝斜上展。芽、嫩枝、嫩叶和叶柄均被淡黄色平伏柔毛。叶片薄革质，披针状卵形或披针状长椭圆形，先端长渐尖或近尾状，基部阔楔形或楔形，背面稍被微柔毛。花黄色，极香；花被片 15 ~ 20 片，倒披针形。聚合果，蓇葖果倒卵状长圆形，具疣状突起。种子 2 ~ 4 粒，具皱纹。

花 果 期： 花期 6 ~ 7 月，果期 9 ~ 10 月。

产地与分布： 产于西藏东南部、云南南部及西南部。福建、台湾、广东、海南、广西有栽培。

生态习性： 喜光。喜暖热湿润气候，不耐寒。喜酸性土，适生于排水良好、疏松、肥沃的微酸性土上。

繁殖方法： 播种繁殖、嫁接繁殖。

观赏特性与应用： 树形美丽，花芳香浓郁，是著名的观赏树。对有毒气体抗性较强。花可提取芳香油或制花薰茶，兼具观赏价值与药用价值。

香子含笑 *Michelia gioii* (A. Chev.) Sima et Hong Yu

科　　属：木兰科含笑属。

别　　名：香籽楠。

形态特征：常绿乔木。芽、嫩叶叶柄、花梗、花蕾及心皮均密被平状短绢毛。叶片薄革质，揉碎后具八角气味，倒卵形或椭圆状披针形，先端急尖，尖头钝，基部宽楔形，两面鲜绿色，有光泽，无托叶痕。花芳香；花被片 9 片，外轮 3 片膜质，线形；中轮和内轮肉质，狭椭圆形，内轮较狭小。聚合果，蓇葖果椭球形或卵球形。

花　果　期：花期 10 月至翌年 1～2 月，果期翌年夏季。

产地与分布：分布于海南乐东、琼中、昌江、白沙等县，云南景洪、勐腊等县（市），广西。在广西主要分布于那坡、龙州、上思、靖西等县（市）。

生态习性：喜光，幼年稍耐阴。喜页岩、砂岩风化发育成的酸性或微酸性砖红壤或黄壤。在排水良好的山坡下或沟谷中生长良好。

繁殖方法：播种繁殖、嫁接繁殖、扦插繁殖、空中压条繁殖。

观赏特性与应用：枝繁叶茂，树冠宽广，花芳香，是四旁绿化、庭院观赏、美化环境的理想树种。

醉香含笑 *Michelia macclurei* Dandy

科　　属：木兰科含笑属。

别　　名：火力兰、火力楠、马氏含笑、楠木、棉花含笑。

形态特征：乔木，高可达 30 m。树皮灰白色，平滑，不开裂。芽、嫩枝、叶柄、托叶及花梗均被红褐色短茸毛。叶片革质，倒卵形、椭圆状倒卵形、菱形或长圆状椭圆形，先端短急尖或渐尖，基部楔形或宽楔形，腹面初被短柔毛，后脱落无毛，背面被灰色毛，杂有褐色平伏短茸毛。聚伞花序；花被片白色，通常 9 片，匙状倒卵形或倒披针形。蓇葖果长圆形、倒卵状长圆形或倒卵状球形。种子 1～3 粒，扁卵球形。

花　果　期：花期 3～4 月，果期 9～11 月。

产地与分布：产于广东东南部（雷州半岛）、北部、中南部，广西博白、容县、岑溪等县（市），海南。广西各地有栽培。

生态习性：喜温暖湿润气候，喜光，稍耐阴。喜土层深厚的酸性土。

繁殖方法：播种繁殖、扦插繁殖。

观赏特性与应用：树冠宽广、伞状，整齐壮观，花洁白浓香，叶色浓绿，是美丽的庭院观赏树。多作行道树。

深山含笑 *Michelia maudiae* Dunn

科　　属： 木兰科含笑属。

别　　名： 光叶白兰花、莫夫人含笑花。

形态特征： 乔木，高可达 20 m。树皮薄，浅灰色或灰褐色。各部均无毛，芽、嫩枝、叶片背面、苞片均被白粉。叶片革质，长圆状椭圆形，腹面深绿色，有光泽，背面灰绿色。花梗绿色，具 3 个环状苞片脱落痕；佛焰苞状苞片淡褐色，薄革质；花芳香，花被片 9 片，纯白色，基部稍淡红色。聚合果，蓇葖果长圆形、倒卵球形、卵球形，顶端钝圆或具短突尖头。种子红色，斜卵球形，稍扁。

花 果 期： 花期 2～3 月，果期 9～10 月。

产地与分布： 产于浙江南部、福建、湖南、广西、贵州及广东北部、中部、南部沿海岛屿。

生态习性： 喜光，幼时较耐阴。喜温暖湿润气候。喜土层深厚、疏松、肥沃而湿润的酸性砂土。

繁殖方法： 嫁接繁殖、播种繁殖、扦插繁殖。

观赏特性与应用： 枝干修长优美，花洁白浓香，叶色浓绿，是著名的庭院观赏树。多作行道树，可孤植、对植、群植等。

观光木 *Michelia odora* (Chun) Nooteboom & B. L. Chen

科　　属：木兰科含笑属。

别　　名：香花木、香木楠、宿轴木兰。

形态特征：常绿乔木，高可达 25 m。树皮淡灰褐色，具深皱纹。小枝、芽、叶柄、叶腹面中脉、叶片背面和花梗均被棕黄色糙伏毛。叶片厚膜质，倒卵状椭圆形，腹面绿色，有光泽；托叶痕达叶柄中部。花粉红色，芳香；花被片象牙黄色，具红色小斑点，狭倒卵状椭圆形。聚合果长椭球形，果瓣厚。种子在每心皮内 4 ~ 6 粒，椭球形或三角状倒卵球形。

花 果 期：花期 3 月，果期 10 ~ 12 月。

产地与分布：产于江西南部、福建、广东、海南、广西、云南东南部。

生态习性：喜温暖湿润气候及深厚肥沃的土壤。

繁殖方法：播种繁殖、扦插繁殖。

观赏特性与应用：树冠浓密，花多而美丽、芳香，果实独特，是优良的庭院观赏树和行道树。可广泛用于景区、街道、庭院等处的绿化，孤植和群植均成景观。

乐东拟单性木兰 *Parakmeria lotungensis* (Chun et C. Tsoong) Law

科　　属：木兰科拟单性木兰属。

别　　名：乐东拟木兰、乐东木兰、乐东拟单性木莲。

形态特征：常绿乔木，高可达 30 m。树皮灰白色。当年生枝绿色。叶片革质，狭倒卵状椭圆形、倒卵状椭圆形或狭椭圆形，先端尖而尖头钝，基部楔形或狭楔形，腹面深绿色，有光泽。花杂性；雄花为两性花，异株，雄花花被片 9 ~ 14 片，外轮 3 ~ 4 片浅黄色，倒卵状长圆形，内轮 2 ~ 3 片白色，较狭；雌花花被片与雄花同形而较小。聚合果卵状长圆形或椭圆状卵球形，鲜有倒卵形。种子椭球形或椭圆状卵球形，外种皮红色。

花 果 期：花期 4 ~ 5 月，果期 8 ~ 9 月。

产地与分布：产于海南、广东、广西、贵州、湖南、江西、福建、浙江等省（自治区）。在广西主要分布于那坡、上思等县和大苗山。

生态习性：喜光。喜温暖湿润气候，耐高温和严寒。喜土层深厚、肥沃、排水良好的土壤。

繁殖方法：播种繁殖、扦插繁殖、嫁接繁殖。

观赏特性与应用：树干通直，叶色亮绿，新叶深红色，花清香远溢，果红艳夺目，对有毒气体有较强的抗性，是优良的绿化树。适种于公园、庭院，可孤植、丛植或作行道树。

云南拟单性木兰 *Parakmeria yunnanensis* Hu

科　　属： 木兰科拟单性木兰属。

别　　名： 云南拟克林丽木、黑心绿豆。

形态特征： 常绿乔木，高可达 30 m。树皮灰白色，平滑，不开裂。叶片薄革质，卵状长圆形或卵状椭圆形，先端短渐尖或渐尖，基部阔楔形或近圆形，腹面绿色，背面浅绿色。花两性，芳香；花被片 9 ~ 12 片，4 轮，外轮红色，倒卵形，内 3 轮白色，肉质，狭倒卵状匙形。聚合果长圆状卵球形；蓇葖果菱形，熟时背缝开裂。种子扁，外种皮红色。

花 果 期： 花期 5 月，果期 9 ~ 10 月。

产地与分布： 产于云南、贵州等省。在广西主要分布于那坡、上思等县和大苗山。

生态习性： 喜温暖湿润气候。喜砂页岩发育成的湿润、肥沃的黄壤。

繁殖方法： 播种繁殖、扦插繁殖。

观赏特性与应用： 花红色、浓香，叶色浓绿，是著名的庭院观赏树。多作行道树，可孤植、群植等。

紫玉兰 *Yulania liliiflora* (Desrousseaux) D. L. Fu

科　　属：木兰科玉兰属。

别　　名：木笔、辛夷。

形态特征：落叶乔木，常丛生。树皮灰褐色。小枝绿紫色或淡褐紫色。叶片椭圆状倒卵形或倒卵形，先端急尖或渐尖，基部沿叶柄下延至托叶痕渐狭，腹面深绿色，背面灰绿色。花叶同放；花瓶形，直立于粗壮、被毛的花梗上，稍具香气；花被片9～12片，外轮3片萼片状，紫绿色，披针形，内2轮肉质，外面紫色或紫红色，内面带白色，花瓣状，椭圆状倒卵形。聚合果深紫褐色至褐色，圆柱形；成熟蓇葖果近球形，顶端具短喙。

花 果 期：花期3～4月，果期8～9月。

产地与分布：产于福建、湖北、四川、云南西北部。广西桂林、柳州等市有栽培。

生态习性：喜光。喜温暖湿润气候，较耐寒。喜肥沃、排水好的砂壤土。

繁殖方法：播种繁殖、分株繁殖、压条繁殖。

观赏特性与应用：花大且美丽艳逸，姿态优美，气味幽香，满树紫红色花朵甚为美丽。兼具观赏价值与药用价值，适用于庭院观赏及园艺美化装饰。

八角科

八角 *Illicium verum* Hook. f.

科　　属：八角科八角属。

别　　名：八角茴香、大茴香、唛角（壮语）。

形态特征：乔木，高可达 15 m。树冠塔形、圆锥形或椭圆形。树皮深灰色。叶互生或 3~6 片簇生于枝顶，呈轮生状；叶片革质或厚革质，倒卵状椭圆形、倒披针形或椭圆形，先端短渐尖或稍钝圆，基部楔形。花粉红色至深红色，单生于叶腋或近顶生。聚合果平展，蓇葖果 7~8 个。种子褐色。

花 果 期：一年 2 次，春花期 3~5 月，果期 9~10 月；秋花期 8~10 月，果期翌年 3~4 月。

产地与分布：分布于亚洲和北美洲，其中亚洲占 80%，我国是主产区。在我国广西主要分布于西部和南部。

生态习性：半阴树种。怕寒，怕热，不耐干旱。对环境条件要求相对较高，不宜种于向风处、山顶及台风严重影响地区。喜土层深厚、肥沃、湿润的微酸性壤土或砂壤土。

繁殖方法：播种繁殖、插扦繁殖。

观赏特性与应用：四季常绿，花果期长，在改善生态环境方面效果好，是优良的生态果树、绿化树。

番荔枝科

银钩花 *Mitrephora tomentosa* J. D. Hooker & Thomson

科　　属：番荔枝科银钩花属。

别　　名：大叶杂古、定春。

形态特征：乔木，高可达 25 m。树皮灰黑色至深灰黑色；韧皮部淡赭色，略具香甜气味。小枝密被锈色茸毛，老后渐无毛，灰黑色。叶片近革质，卵形或长圆状椭圆形，先端短渐尖，基部圆形，腹面除中脉外均无毛，有光泽，背面被锈色长柔毛。总状花序腋生或与叶对生；花淡黄色。果卵形或近球形，熟时黄红色，密被褐色茸毛。

花 果 期：花期 3 ~ 4 月，果期 5 ~ 8 月。

产地与分布：产于我国广西、广东、海南、云南南部。东南亚各国有分布。

生态习性：喜光，耐阴。对土壤要求较高，喜土层深厚、肥沃、疏松且湿润的砂壤土，在阴湿处生长良好。

繁殖方法：播种繁殖。

观赏特性与应用：树形优美，枝叶浓密而平展，花大、色黄、芳香，是热带地区优美的庭院观赏树。

樟　科

科　　属： 樟科樟属。

别　　名： 小桂皮、苗山桂。

形态特征： 乔木，高可达 14 m。树皮平滑，具肉桂香味，灰褐色至黑褐色。小枝圆柱形，绿色或褐绿色，具纵细纹，无毛。叶片革质，卵形、长圆形或披针形，两面均无毛，离基三出脉，脉腋无腺点。聚伞花序腋生，花序梗与花序轴均密被灰白色微柔毛；花被片长圆状卵形，两面均密被灰白色柔毛。果卵球形，熟时黑色。

花 果 期： 花期 10 月至翌年 2 月，果期 12 月至翌年 4 月。

产地与分布： 分布于我国广东、广西、江西、福建、浙江、湖北、贵州等省（自治区）。东南亚各国有分布。

生态习性： 喜光，稍耐阴。喜暖热湿润气候，耐寒。对土壤要求不高。

繁殖方法： 种子繁殖。

观赏特性与应用： 树姿优美整齐，枝叶终年常绿，有肉桂香味，耐寒、抗风和抗大气污染，是优良的绿化树。可作园景树、行道树。

樟　*Cinnamomum camphora* (L.) Presl

科　　属：樟科樟属。

别　　名：小叶樟、瑶人柴、香樟。

形态特征：常绿大乔木，高可达 30 m。枝、叶及木材均具樟脑气味。树皮黄褐色，不规则纵裂。枝条圆柱形，无毛。叶片卵状椭圆形，边缘全缘，离基三出脉，侧脉及支脉脉腋具腺窝。圆锥花序腋生，花被片椭圆形。果卵球形或近球形，熟时紫黑色。

花　果　期：花期 4～5 月，果期 8～11 月。

产地与分布：产于我国南方。越南、朝鲜、日本有分布，其他国家常有引种栽培。我国广西各地有分布。

生态习性：喜光，幼苗、幼树耐阴。耐寒。耐湿，不耐旱，忌积水。不耐瘠薄和盐碱。

繁殖方法：播种繁殖、扦插繁殖。

观赏特性与应用：我国南方较常见的绿化树，广泛用作庭院树、行道树。

黄樟 *Cinnamomum parthenoxylon* (Jack) Meisner

科　　属：樟科樟属。

别　　名：芳樟、香樟。

形态特征：常绿大乔木，高可达 25 m。枝、叶及木材均具樟脑气味。树皮灰褐色，上部灰黄色，深纵裂，小片剥落。枝条粗壮，圆柱形，绿褐色；小枝具棱，无毛。叶互生；叶片革质，卵状椭圆形，边缘全缘，两面均无毛或仅背面腺窝具毛簇。圆锥花序或圆锥状聚伞花序腋生，花绿白色或带黄色。果卵球形，熟时黑色。

花 果 期：花期 4～5 月，果期 8～11 月。

产地与分布：主要分布于长江以南地区。在广西主产区为阳朔、恭城、昭平、融水、岑溪、容县、博白、环江、龙州、德保等县（市）及十万大山、大明山、大瑶山。

生态习性：喜光，幼树耐阴。喜温暖湿润气候，不耐寒。喜湿润、肥厚的酸性土。

繁殖方法：播种繁殖、扦插繁殖。

观赏特性与应用：树形整齐，四季常绿，枝叶繁茂，是优良的绿化树。

黄果厚壳桂 *Cryptocarya concinna* Hance

科　　属：樟科厚壳桂属。

别　　名：长果厚壳桂、海南厚壳桂、黄果桂、香港厚壳桂、生虫树。

形态特征：乔木，高可达 18 m。树皮淡褐色。枝条灰褐色，具纵向细条纹，无毛；幼枝纤细，具棱角及纵向细条纹，被黄褐色短茸毛，老时无毛。叶互生；叶片薄革质，椭圆状长圆形或长圆形，先端钝、骤尖或短渐尖，基部楔形，两侧常不对称。圆锥花序腋生或顶生，被灰色茸毛；花被筒近钟形。果长椭球形，幼时深绿色，熟时黑色或蓝黑色。

花 果 期：花期 3～5 月，果期 6～12 月。

产地与分布：分布于我国广东、广西、海南、江西及台湾等省（自治区）。越南北部也有分布。在我国广西主产区为钦州、防城港、贺州等市，宁明、金秀、苍梧等县及十万大山、大明山。

生态习性：喜光，稍耐阴。喜湿润气候，耐寒。耐干旱、贫瘠，喜酸性土。

繁殖方法：播种繁殖。

观赏特性与应用：树形整齐，枝叶繁茂，四季常绿。可作绿化树。

香叶树 *Lindera communis* Hemsl.

科　　属：樟科山胡椒属。

别　　名：红油果、臭油果、白香桂、臭果树。

形态特征：常绿小乔木，高可达 13 m。树皮淡褐色。幼枝绿色，被黄白色短柔毛，后无毛。顶芽卵圆形。叶互生；叶片革质，卵形或椭圆形，先端骤尖或近尾尖，基部宽楔形或近圆形，被黄褐色柔毛，后毛渐脱落。伞形花序单生或 2 个并生于叶腋，具 5 ~ 8 朵花；花被片 6 片，卵形，近等大。果卵形，熟时红色。

花　果　期：花期 3 ~ 5 月，果期 9 ~ 11 月。

产地与分布：产于我国陕西、甘肃、广东、广西等省（自治区）及华中地区南部、华东地区中南部、西南地区东部。也产于中南半岛。在我国广西主要分布于桂林、贵港、梧州、钦州、贺州等市，融水、柳城、柳江、忻城、金秀、隆林、那坡、田林、扶绥等县（区）和十万大山、大明山等。

生态习性：喜光，耐阴。耐干旱、贫瘠，在湿润、肥沃的酸性土上生长较好。

繁殖方法：播种繁殖。

观赏特性与应用：树干通直，树冠浓密，叶绿果红，是较好的景观绿化树。

刨花润楠 *Machilus pauhoi* Kanehira

科　　属： 樟科润楠属。

别　　名： 粘柴、刨花、刨花楠。

形态特征： 乔木，高可达 20 m。树皮灰褐色，纵浅裂。枝绿色带褐色，粗壮，无毛；顶芽球形至近卵形；鳞片密被棕色或黄棕色小柔毛。叶常集生于小枝顶端；叶片椭圆形或狭椭圆形，革质，边缘全缘，基部楔形，干后黑色，背面被毛。聚伞状圆锥花序生于当年生枝下部，花两性。果球形，熟时黑色。

花 果 期： 花期 5 月，果期 7～8 月。

产地与分布： 产于我国南部。在广西主产区为贺州、贵港、防城港等市和宜州、融水、灵川、兴安、横州、邕宁、马山、武鸣、上林、扶绥、大新、宁明、靖西、灵山等县（区、市）。

生态习性： 喜阴。喜温暖，耐湿。喜肥沃的土壤。

繁殖方法： 播种繁殖。

观赏特性与应用： 树体高大挺拔，树冠浓郁优美，嫩枝、新叶粉红色或棕红色，花穗黄色，是优美的庭院观赏树、绿化树。

闽楠 *Phoebe bournei* (Hemsl.) Yang

科　　属：樟科楠属。

别　　名：竹叶楠、兴安楠木。

形态特征：常绿大乔木，高可达 30 m。树皮灰白色，新生树皮带黄褐色，薄片状脱落。冬芽被灰褐色柔毛。叶片革质，披针形或倒披针形，边缘全缘，背面被短柔毛。圆锥花序腋生，花两性。果椭球形或长圆形。

花 果 期：花期 4 月，果期 10～11 月。

产地与分布：我国特有种。产于我国南部。在广西主要分布于北部、西北部、东部和金秀、武鸣等县（区）。

生态习性：喜温暖湿润气候，抗寒性较强。耐阴。喜湿润、疏松、肥沃的土壤。

繁殖方法：播种繁殖。

观赏特性与应用：枝叶浓密，幼年常形成主干端直、侧枝细且短的尖塔形树冠，壮年冠变为钟形。可作观赏树。

酢浆草科

阳桃 *Averrhoa carambola* L.

科　　属：酢浆草科阳桃属。

别　　名：洋桃、杨桃、五棱果。

形态特征：常绿乔木，高可达 12 m。奇数羽状复叶互生；小叶 5 ~ 13 片，边缘全缘，卵形或椭圆形，先端渐尖，基部圆形，腹面深绿色，背面淡绿色，疏被柔毛或无毛。聚伞花序或圆锥花序生于叶腋或枝干上；花瓣 5 片，白色至淡紫色，花小，微香。浆果肉质，下垂，具 5 条棱，很少 6 条棱或 3 条棱，横切面星芒状，淡绿色或蜡黄色，有时带暗红色。种子数十粒，浅褐色。

花 果 期：花期 4 ~ 12 月，果期 7 ~ 12 月。

产地与分布：原产于马来西亚、印度尼西亚。在我国广西南亚热带地区广泛栽培。

生态习性：喜高温湿润气候，不耐霜冻寒害。适应红壤、砖红壤、紫色土、砂壤土等多种土壤。

繁殖方法：嫁接繁殖、扦插繁殖、高空压条繁殖。

观赏特性与应用：枝条秀丽，果形奇特，是优良的观果树。可孤植或片植于庭院、生活小区、公园供观赏。

千屈菜科

毛萼紫薇 *Lagerstroemia balansae* Koehne

科　　属：千屈菜科紫薇属。

别　　名：大紫薇、皱叶紫薇。

形态特征：落叶乔木，高可达 25 m。树皮浅黄色，间具绿褐色块状斑纹，平滑。幼枝密被黄褐色星状茸毛；老枝无毛，灰黑色。叶对生，枝上部的叶互生；叶片厚纸质或薄革质，矩圆状披针形，先端渐尖或急尖，基部阔楔形或近圆形，幼嫩时两面均被黄褐色星状毛。圆锥花序顶生，密被黄褐色星状茸毛；花瓣 6 片，淡紫红色。蒴果卵形，熟时黑色。种子多数，黄褐色，顶端具翅。

花 果 期：花期 6～7 月，果期 10～11 月。

产地与分布：原产于老挝、越南、泰国及我国海南西南部。我国广西南部有栽培。

生态习性：喜温暖湿润气候。喜强光照，不耐阴。对土壤适应性强，以土层深厚、肥沃的微酸性砂壤土为佳。

繁殖方法：播种繁殖、扦插繁殖。

观赏特性与应用：树姿挺拔俊秀，花色绚丽，集观赏价值、生态价值与药用价值于一体，适种于庭院、公园、广场、街道两旁等。

大花紫薇 *Lagerstroemia speciosa* (L.) Pers.

科　　属：千屈菜科紫薇属。

别　　名：大叶紫薇、百日红。

形态特征：短期落叶乔木，高可达 25 m。树皮灰色，平滑。小枝圆柱形，无毛或微被糠状毛。单叶对生；叶片革质，矩圆状椭圆形或卵状椭圆形，先端钝或短尖，基部阔楔形至圆形，两面均无毛。圆锥花序顶生；花瓣 6 片，淡红色或紫色。蒴果球形至倒卵状矩球形，熟时灰褐色。种子多数，顶端具翅。

花 果 期：花期 5～7 月，果期 10～11 月。

产地与分布：原产于印度、斯里兰卡、马来西亚、越南及菲律宾。我国广西南部有分布。

生态习性：喜高温湿润气候，幼苗忌霜冻，大苗耐 0℃低温。对土壤要求较高，在肥沃、排水良好的背风向阳地生长良好。

繁殖方法：播种繁殖、扦插繁殖。

观赏特性与应用：树形美观，枝繁叶茂，花大色艳，秀丽可人。常种于道路、公园、庭院、生活小区等处作行道树。

海桑科

八宝树 *Duabanga grandiflora* (Roxb. ex DC.) Walp.

科　　属： 海桑科八宝树属。

别　　名： 非洲黑胡桃。

形态特征： 常绿大乔木，高可达 40 m。树皮灰褐色，具皱褶裂纹。树干通直圆满。枝下垂，螺旋状排列或轮生于树干上。叶对生；叶片长椭圆形，边缘全缘，基部心形或浑圆。大型伞房花序顶生；花萼筒阔杯形，花瓣 4～8 片，近卵形，白色，具波纹。蒴果球形，熟时从顶端向下开裂成 6～9 个果爿。

花 果 期： 花期春季，果期夏秋季。

产地与分布： 产于我国广西、云南等省（自治区）。越南、缅甸、泰国、印度、印度尼西亚、马来西亚等国也有分布。

生态习性： 喜光。喜温暖气候，喜湿怕干。喜肥沃、疏松和排水良好的砂壤土。

繁殖方法： 扦插繁殖、播种繁殖。

观赏特性与应用： 树形高大雄伟，枝条平展，叶片浓绿，可同时观赏花蕾、盛开的花序和瓣状幼果。宜作园景树。

瑞香科

土沉香 *Aquilaria sinensis* (Lour.) Spreng.

科　　属： 瑞香科沉香属。

别　　名： 沉香、芫香、崖香、青桂香、栈香、女儿香、牙香树、白木香、香材。

形态特征： 常绿乔木，高 5 ~ 15 m。叶片革质，圆形、椭圆形至长圆形，有时近倒卵形，先端锐尖或急尖，具短尖头，基部宽楔形，腹面暗绿色或紫绿色，有光泽，背面淡绿色，两面均无毛。伞形花序；花芳香，黄绿色。蒴果卵球形。种子褐色，卵球形。

花 果 期： 花期春夏季，果期夏秋季。

产地与分布： 产于广东、海南、广西、福建等省（自治区）。在广西主要分布于南宁、崇左、防城港等市和桂平、陆川、博白、北流、浦北、灵山、合浦等县（市）。

生态习性： 喜温暖湿润气候，耐短期霜冻。耐旱。幼树耐阴，成年树喜光。

繁殖方法： 播种繁殖。

观赏特性与应用： 四季常绿，是珍贵的药用植物，亦可作园景树。

山龙眼科

红花银桦 *Grevillea banksii* R. Br.

科　　属： 山龙眼科银桦属。

别　　名： 班西银桦、昆士兰银桦。

形态特征： 常绿小乔木，高可达 5 m。单叶互生，二回羽状裂叶；小叶线形，背面密生白色茸毛。花橙红色至鲜红色。蓇葖果歪卵形，熟时褐色。

花 果 期： 花期 11 月至翌年 5 月，果期翌年 5～10 月。

产地与分布： 原产于澳大利亚东部，现广泛种植于热带、亚热带地区。我国南部、西南部有引种栽培。

生态习性： 较耐寒，急剧降温产生的霜冻不影响其正常生长。阳性树种，耐干旱、贫瘠，喜排水良好、微酸性的土壤。

繁殖方法： 播种繁殖、嫁接繁殖。

观赏特性与应用： 树形优美，是既能观花又能观叶的常绿树。可作庭院树、园景树或群植作绿篱，也可作污染区的绿化树。

银桦 *Grevillea robusta* A. Cunn. ex R. Br.

科　　属：山龙眼科银桦属。

别　　名：银华、绢柏、银栎、银橡树。

形态特征：常绿乔木，高 10～25 m。嫩枝被锈色茸毛。叶片二次羽状深裂，腹面无毛或具稀疏丝状绢毛，背面被褐色茸毛和银灰色绢毛，边缘背卷。总状花序腋生；花橙色或黄褐色，顶部卵球形，下弯。果卵状椭球形，稍偏斜；果皮革质，黑色。种子长盘状，边缘具窄薄翅。

花 果 期：花期 3～5 月，果期 6～8 月。

产地与分布：原产于澳大利亚东部。在我国广西主要分布于南宁、柳州、梧州、桂林、钦州、百色、河池等市。

生态习性：喜光，苗期耐阴。喜温暖气候，不耐重霜和低温。较耐旱，在土层深厚、疏松、肥沃、排水良好的酸性砂壤土上生长最好。

繁殖方法：播种繁殖。

观赏特性与应用：四季常绿，主干通直，开花时节橙黄色的花相拥成簇，甚为美观。可作行道树和园景树。

澳洲坚果 *Macadamia integrifolia* Maiden & Betche

科　　属：山龙眼科澳洲坚果属。

别　　名：夏威夷果、巴布果、澳洲胡桃。

形态特征：乔木，高 5 ~ 15 m。叶通常 3 片轮生或近对生；叶片革质，长圆形至倒披针形，先端急尖至钝圆，有时微凹，基部渐狭。总状花序腋生或近顶生，疏被短柔毛；花淡黄色或白色；花盘环状，具齿缺。果球形，顶端短尖；果皮开裂。种子通常球形；种皮骨质，光滑。

花 果 期：花期 4 ~ 5 月，果期 7 ~ 8 月。

产地与分布：原产于澳大利亚。我国广西各地有分布。

生态习性：亚热带树种，喜温暖气候，稍耐干旱，但忌高温干燥气候，夏秋季高温期需喷雾或淋水降温。对土壤要求不高，在酸性土和碱性土上均可生长。

繁殖方法：播种繁殖、高空压条繁殖、嫁接繁殖。

观赏特性与应用：常绿观赏乔木，适种于公园、水滨等处。

五桠果科

五桠果 *Dillenia indica* L.

科　　属：五桠果科五桠果属。

别　　名：第伦桃、印度第伦桃、印度五桠果、拟枇杷。

形态特征：常绿乔木，高可达 25 m。树皮红褐色，平滑，大块薄片剥落。嫩枝粗壮，被褐色柔毛；老枝秃净，叶柄痕明显。叶片薄革质，倒卵状矩圆形或矩圆形，先端近圆形，基部广楔形，不等侧。花单生于枝顶叶腋；花瓣白色，倒卵形。果球形，不开裂。种子扁平，边缘被毛。

花 果 期：花期 4~5 月，果期 6~7 月。

产地与分布：分布于云南南部。在广西主产区为那坡县。

生态习性：喜光。喜高温高湿气候。对土壤要求不高，在土层深厚、湿润、肥沃的微酸性壤土上生长最佳。

繁殖方法：常播种繁殖，也可扦插繁殖、压条繁殖、分株繁殖和嫁接繁殖。

观赏特性与应用：树冠宽大如盖，叶形优美，叶色亮绿，脉纹明显。可作庭院观赏树、行道树，也可作盆栽观叶植物。

大花五桠果 *Dillenia turbinata* Finet et Gagnep.

科　　属：五桠果科五桠果属。

别　　名：大花第伦桃、毛五桠果。

形态特征：常绿乔木，高可达 30 m。树皮红褐色，裂成大块薄片剥落。嫩枝被褐色粗毛；老枝秃净，干后暗褐色。叶片革质，倒卵形或长倒卵形，先端圆或钝，稀尖，基部楔形下延成窄翅状，具齿。总状花序顶生；花瓣黄色，有时黄白色或浅红色，倒卵形。果近球形，不开裂，暗红色。种子倒卵形。

花 果 期：花期 4～5 月，果期 6～7 月。

产地与分布：分布于广东、海南、云南等省。广西南部有分布。

生态习性：喜光，耐阴。喜温暖湿润气候。在排水良好的砂壤土或冲积土上生长最佳。

繁殖方法：播种繁殖。

观赏特性与应用：树姿优美，嫩叶红艳，花大耀眼，果红娇艳，是春夏观花、观果的常绿树。

大风子科

斯里兰卡天料木 *Homalium ceylanicum* (Gardn.) Benth.

科　　属： 大风子科天料木属。

别　　名： 红花母生、高根、山红罗、母生、光叶天料木、红花天料木、老挝天料木。

形态特征： 常绿乔木，高可达 40 m。高干窄幅型树种，自然整枝状况良好。单叶互生；叶片薄革质，椭圆形或卵状椭圆形，先端尖，两面均无毛。

花 果 期： 花期 6～7 月，果期翌年春夏季。

产地与分布： 原产于海南。在广西主要分布于南宁市和合浦、凭祥等县（市）。

生态习性： 喜光，喜湿润气候。耐高温，在山地及低丘炎热地生长良好。对土壤要求较高，喜土层深厚、疏松、排水良好、富含腐殖质的山坡下部及谷地，干旱贫瘠地及石灰岩山地不宜生长。

繁殖方法： 播种繁殖。

观赏特性与应用： 树形高大，主干通直，枝叶繁茂，树冠圆整。宜作园景树和行道树。

山茶科

大果核果茶 *Pyrenaria spectabilis* (Champion) C. Y. Wu & S. X. Yang

科　　属：山茶科核果茶属。

别　　名：六瓣石笔木、短果石笔木。

形态特征：常绿乔木，高 5 ~ 15 m。嫩枝初被毛，后脱落无毛。叶片革质，椭圆形，先端钝尖，基部宽楔形，边缘具波状齿，两面均无毛。花腋生或近顶生，小苞片 2 枚；花瓣 5 ~ 6 片，白色，外面被淡黄色绢毛。蒴果扁球形，自基部开裂，被褐色柔毛。

花 果 期：花期 5 ~ 7 月，果期 8 ~ 10 月。

产地与分布：产于我国广西藤县、金秀等县。分布于我国福建、广东、湖南、云南等省。越南北部也有分布。

生态习性：喜光，适宜在湿润、肥沃的土壤上生长。

繁殖方法：播种繁殖、扦插繁殖。

观赏特性与应用：树形挺拔美观，花期长，适种于城市园林、景区与庭院供观赏。

木荷 *Schima superba* Gardn. et Champ.

科　　属：山茶科木荷属。

别　　名：荷木、荷树、木艾树。

形态特征：常绿大乔木，高可达 30 m。树皮灰褐色，纵裂。嫩枝无毛或微被柔毛。叶片椭圆形，先端尖锐，基部楔形，边缘具钝齿，无毛。总状花序；花白色，生于枝顶叶腋，苞片 2 枚。蒴果近球形。

花 果 期：花期 6 ~ 8 月，果期 10 ~ 12 月。

产地与分布：产于浙江、福建、台湾、江西、湖南、广东、海南、广西、贵州等省（自治区）。广西北部、中部及东部有分布。

生态习性：幼年耐阴，大树喜光。对土壤要求不高，在酸性土上可生长，在肥厚、湿润、疏松的砂壤土上生长良好。

繁殖方法：播种繁殖、扦插繁殖。

观赏特性与应用：树形美观，四季常绿。适作为城市园林、景区绿化上层林冠，也是良好的造林防火树。

龙脑香科

科　　属：龙脑香科坡垒属。

别　　名：海梅、海南坡垒、石梓公、青皮。

形态特征：常绿乔木，高 10 ~ 20 m。树皮灰白色至褐色，具白色皮孔。叶片革质，卵状长圆形至圆形，先端微钝或渐尖，基部圆形。圆锥花序腋生或顶生；花萼 5 裂，覆瓦状排列；花瓣 5 片，旋转状排列。果卵球形。

花 果 期：花期 6 ~ 7 月，果期 11 ~ 12 月。

产地与分布：产于我国海南。分布于我国福建、广东、广西、云南等省（自治区）。越南北部也有分布。

生态习性：阴性树种，喜高温高湿气候。

繁殖方法：播种繁殖、扦插繁殖、嫁接繁殖。

观赏特性与应用：四季常绿，树干通直，是珍贵的用材树，也是值得大力推广的乡土园林绿化树。

桃金娘科

美花红千层 *Callistemon citrinus* (Curtis) Skeels

科　　属：桃金娘科红千层属。

别　　名：红瓶刷树、硬枝红千层、金宝树。

形态特征：常绿灌木或小乔木，高 3～4 m。树皮暗灰色，不易剥落。幼枝和幼叶均被白色柔毛。叶互生；叶片条形，坚硬，无毛。穗状花序生于树梢；只见雄蕊而不见花朵；雄蕊数量多，分离，比花瓣长，排列稠密，簇生于枝条顶端，似瓶刷。蒴果。

花 果 期：一年多次开花。

产地与分布：原产于澳大利亚。我国上海、湖北、广东、海南等省（直辖市）有引种栽培。我国广西各地有栽培。

生态习性：喜暖热气候，耐烈日酷暑，不耐寒。不耐阴。喜肥沃潮湿的酸性土，也能在瘠薄干旱的土壤上生长。

繁殖方法：播种繁殖、组织培养。

观赏特性与应用：花期长，花色艳丽醒目，形状奇特。在南方适种于人行道边的绿化带内或干道中间分车带中，也适用于庭院、公园、生活小区，为高级观花树；可作防风树、切花或大型盆栽，也可修剪为盆景或用作插花花束。

红千层 *Callistemon rigidus* R. Br.

科　　属：桃金娘科红千层属。

别　　名：瓶刷树、金宝树、刷毛桢。

形态特征：小乔木。树皮坚硬，灰褐色。嫩枝具棱，初时被长丝毛，后变无毛。叶片坚革质，线形，具油腺点，干后突起。穗状花序生于枝顶；花瓣绿色，卵形。蒴果半球形。种子条形。

花　果　期：花期 6～8 月，花后即结果。

产地与分布：原产于澳大利亚。我国广东、海南、福建、云南等省有引种栽培。我国广西各地有栽培。

生态习性：喜光。耐高温，较耐寒，喜温暖湿润气候。喜肥沃、酸性的土壤，也耐贫瘠。

繁殖方法：播种繁殖、分株繁殖。

观赏特性与应用：花形奇特，色彩鲜艳美丽，开花时满树红花，具有很高的观赏价值。被广泛种于公园、庭院及街边绿地。

垂枝红千层 *Callistemon viminalis* (Soland.) Cheel.

科　　属：桃金娘科红千层属。

别　　名：串钱柳、垂花红千层、瓶刷树。

形态特征：常绿灌木或小乔木，高可达 6 m。树皮暗灰色，不易剥落。幼枝和幼叶均被白色柔毛。单叶互生，叶片条形。穗状花序顶生。蒴果顶端开裂，半球形。

花 果 期：一年开花 2 次，花期 3～5 月和 10 月，果期 8 月和 12 月。

产地与分布：原产于澳大利亚。我国广西各地有栽培。

生态习性：喜光。喜温暖湿润气候，不耐寒。耐旱，对土壤要求不高，在湿润、肥沃的酸性土上长势较好。

繁殖方法：播种繁殖、扦插繁殖。

观赏特性与应用：树形美观，花形奇特，似瓶刷状，花开时节火红一片，甚为美观。可作庭院美化树、行道树、园景树，也可作防风树、切花或大型盆栽。

柠檬桉 *Eucalyptus citriodora* Hook. f.

科　　属： 桃金娘科桉属。

别　　名： 靓仔桉、油桉树、柠檬香。

形态特征： 大乔木，高可达 35 m。树皮平滑，灰白色，大片脱落。叶片狭披针形，两面均具黑色腺点，揉碎后具浓厚的柠檬气味。圆锥花序腋生。蒴果壶形，果瓣藏于萼管内。

花　果　期： 一年开花 2 次，花期 3 ~ 4 月和 11 ~ 12 月，果期 9 ~ 11 月和翌年 6 ~ 7 月。

产地与分布： 原产于澳大利亚。在我国广西，柳州以南有分布。

生态习性： 喜强光。喜温暖气候，不耐寒。耐旱。对土壤要求不高，喜湿润、深厚和疏松的酸性土。

繁殖方法： 播种繁殖、扦插繁殖、组织培养。

观赏特性与应用： 树干通直光滑，树皮洁白，柠檬味非常浓郁。可作行道树和庭院树。

溪畔白千层 *Melaleuca bracteata* F. Muell.

科　　属：桃金娘科白千层属。

别　　名：黄金香柳、千层金。

形态特征：常绿小乔木，高 2～5 m。小枝细柔，下垂，微红色。叶互生；叶片革质，金黄色，披针形或狭长圆形，具油腺点，香气浓郁。穗状花序生于枝顶；花白色，花瓣 5 片。蒴果近球形，3 裂。

花 果 期：花期夏秋季，果期 7 月至翌年 3 月。

产地与分布：原产于澳大利亚。我国广西各地有栽培。

生态习性：喜光。耐旱。对土壤要求不高，在酸性、石灰岩土质甚至盐碱地均可生长。

繁殖方法：扦插繁殖、高空压条繁殖。

观赏特性与应用：嫩枝红色，叶秋、冬、春三季金黄色。广泛用于庭院、道路、生活小区的绿化，还可修剪成球形、伞形、金字塔形等各种形状点缀园林空间。

白千层 *Melaleuca cajuputi* subsp. *cumingiana* (Turczaninow) Barlow

科　　属：桃金娘科白千层属。

别　　名：千层皮、玉树、玉蝴蝶。

形态特征：乔木，高可达 18 m。树皮灰白色，厚而松软，薄层状剥落。嫩枝灰白色。叶互生；叶片革质，披针形或狭长圆形，具多数油腺点，香气浓郁。花白色，密集于枝顶成穗状花序。蒴果近球形。

花 果 期：花期 4 ~ 6 月和 10 ~ 12 月。

产地与分布：原产于澳大利亚。我国广西各地有分布。

生态习性：喜温暖潮湿气候，要求阳光充足。适应性强，耐干旱和高温，亦耐轻霜及短期 0℃左右低温。对土壤要求不高，耐瘠瘦土壤。

繁殖方法：播种繁殖、扦插繁殖。

观赏特性与应用：树皮白色，美观。可作屏障树和行道树。

番石榴 *Psidium guajava* L.

科　　属：桃金娘科番石榴属。

别　　名：芭乐、鸡屎果、拔子、喇叭番石榴。

形态特征：乔木，高可达 13 m。树皮平滑，灰色，片状剥落。嫩枝具棱，被毛。叶片革质，长圆形至椭圆形，网脉明显。花单生或 2～3 朵排成聚伞花序，白色。浆果球形、卵球形或梨形；果肉白色、黄色和红色。

花 果 期：花期 4～12 月，果期 7 月至翌年 4 月。

产地与分布：原产于南美洲。我国广西各地有分布。

生态习性：喜光和温暖湿润气候，忌霜冻。对土壤要求不高，以排水良好的砂壤土为佳。

繁殖方法：嫁接繁殖、扦插繁殖、播种繁殖。

观赏特性与应用：果可食用，常植作果树，亦可作庭院绿化树供观赏。

乌墨 *Syzygium cumini* (L.) Skeels

科　　属：桃金娘科蒲桃属。

别　　名：海南蒲桃、乌楣、石棉果、十年果、羊屎果。

形态特征：乔木，高可达 15 m。嫩枝圆形，干后灰白色。叶片革质，阔椭圆形至狭椭圆形。圆锥花序腋生或生于花枝上，偶有顶生；花白色，3~5 朵簇生。果卵球形或壶形。

花 果 期：花期 2~5 月，果期 6~9 月。

产地与分布：原产于台湾、福建、广东、广西、云南等省（自治区）。广西南部和西南部有分布。

生态习性：喜光。喜温暖湿润气候，耐高温。喜土层深厚、肥沃的土壤，耐贫瘠和干旱。

繁殖方法：播种繁殖。

观赏特性与应用：树干通直，树姿优美，常绿；花期长，开花时白花满树，花浓香，花形美丽，洁净素雅；挂果期长，果实累累，果形美色鲜。可作庭荫树和行道树。

红鳞蒲桃 *Syzygium hancei* Merr. et Perry

科　　属：桃金娘科蒲桃属。

别　　名：小花蒲桃、红车、韩氏蒲桃。

形态特征：中等乔木，高可达 20 m。嫩枝圆形，干后黑褐色。叶片革质，狭椭圆形至长圆形或倒卵形，先端钝或略尖，基部阔楔形或较狭窄，腹面干后暗褐色，无光泽，具多数细小而下陷的腺点。圆锥花序腋生，花瓣 4 片。果球形，熟时黄色。种子 1～2 粒。

花 果 期：花期 7～9 月，果期 11 月至翌年 1 月。

产地与分布：原产于福建、广东、广西等省（自治区）。广西各地有分布。

生态习性：喜光。喜暖热气候。对土壤要求不高，适应性强，以肥沃、湿润的土壤为佳。

繁殖方法：播种繁殖、扦插繁殖、嫁接繁殖。

观赏特性与应用：根系发达，可作防风树。果可食用，是热带地区优良的果树和庭院绿化树。

山蒲桃 *Syzygium levinei* (Merr.) Merr. et Perry

科　　属：桃金娘科蒲桃属。

别　　名：山叶蒲桃、白车。

形态特征：常绿乔木，高可达 24 m。嫩枝圆形，具糠秕，干后灰白色。叶片革质，椭圆形或卵状椭圆形，先端急锐尖，基部阔楔形，两面均具细小腺点。圆锥花序顶生和上部腋生，具多朵花；花白色，具短梗。果近球形。种子 1 粒。

花 果 期：花期 6 ~ 9 月，果期翌年 2 ~ 3 月。

产地与分布：原产于广东、广西等省（自治区）。广西南宁、防城港、钦州等市和博白、北流等县（市）有分布。

生态习性：喜光。喜温暖气候。喜水肥充足、土层深厚的土壤。

繁殖方法：播种繁殖、扦插繁殖、嫁接繁殖。

观赏特性与应用：树冠丰满浓郁，花、叶、果均可观赏。可作庭荫树、固堤树、防风树。

水翁蒲桃 *Syzygium nervosum* Candolle

科　　属：桃金娘科蒲桃属。

别　　名：水翁、大叶水榕树。

形态特征：乔木，高可达 15 m。树皮灰褐色。树干多分枝；嫩枝压扁，具沟。叶片薄革质，长圆形至椭圆形，先端急尖或渐尖，基部阔楔形或略圆，两面具多数透明腺点。圆锥花序生于无叶的老枝上，花白色。浆果阔卵球形，熟时紫黑色。

花 果 期：花期 5~6 月，果期 8~9 月。

产地与分布：原产于广东、广西及云南等省（自治区）。广西南宁市和上思、金秀、那坡等县有分布。

生态习性：喜光。喜温暖湿润气候。耐水湿。喜疏松、肥沃的土壤。

繁殖方法：播种繁殖。

观赏特性与应用：四季常绿，树形优美，果色鲜艳，耐水湿。常作水岸绿化树。

洋蒲桃 *Syzygium samarangense* (Blume) Merr. et Perry

科　　属：桃金娘科蒲桃属。

别　　名：莲雾、金山蒲桃、天桃、水蒲桃。

形态特征：乔木，高可达 12 m。嫩枝压扁。叶片薄革质，椭圆形至长圆形，先端钝或稍尖，基部变狭，圆形或微心形，腹面干后黄褐色，背面具多数细小腺点。聚伞花序顶生或腋生，花白色。果梨形或圆锥形，肉质，洋红色，有光泽，顶部凹陷。种子 1 粒。

花　果　期：花期 3 ~ 5 月，果期 6 ~ 8 月。

产地与分布：原产于马来西亚及印度。我国广西南部有分布。

生态习性：喜光。喜暖热气候。喜深厚肥沃的土壤。喜水湿，不耐干旱和贫瘠。

繁殖方法：压条繁殖、嫁接繁殖、扦插繁殖、播种繁殖。

观赏特性与应用：果熟时红色，光亮如蜡。常作庭院树和果树。

金蒲桃 *Xanthostemon chrysanthus* (F. Muell.) Benth.

科　　属：桃金娘科金缨木属。

别　　名：澳洲黄花树、黄金蒲桃、黄金熊猫。

形态特征：常绿小乔木，高可达 5 m。叶对生、互生或丛生于枝顶；叶片革质，披针形，边缘全缘。总状聚伞花序具花 4～7 朵，花丝金黄色。蒴果杯状球形。种子棕褐色，近三角形、肾形，扁平。

花　果　期：花期 11 月至翌年 2 月，果期翌年 6～7 月。

产地与分布：原产于澳大利亚。我国广西南部有分布。

生态习性：喜温暖湿润气候，要求土壤排水良好。

繁殖方法：播种繁殖、扦插繁殖。

观赏特性与应用：叶色亮绿，树形挺拔。常用于庭院绿化和道路绿化。

使君子科

榄仁树 *Terminalia catappa* L.

科　　属： 使君子科榄仁树属。

别　　名： 大叶榄仁树、山枇杷、枇杷树、法国枇杷。

形态特征： 落叶乔木，高可达 15 m。树皮黑褐色，纵裂而呈剥落状。枝平展，近顶部密被棕黄色茸毛，具密而明显的叶痕。叶互生，常密集于枝顶；叶片倒卵形，先端钝圆或短尖，中部以下渐狭，基部截形或狭心形，边缘全缘。穗状花序腋生；花多数，绿色或白色。果椭球形，具 2 条棱，棱上具翅状狭边，熟时青黑色。种子 1 粒。

花 果 期： 花期 3～6 月，果期 7～9 月。

产地与分布： 原产于热带地区，主要分布于我国广东、海南、福建、台湾、广西等省（自治区）。

生态习性： 喜阳，耐半阴。喜温暖湿润气候。耐贫瘠，对土壤要求不高，但以肥沃的砂壤土为佳。

繁殖方法： 播种繁殖、嫁接繁殖。

观赏特性与应用： 冠大荫浓，树形美观，观赏价值高。适合在庭院、广场等处作孤植绿化和道路两旁绿化。

小叶榄仁 *Terminalia neotaliala* Capuron

科　　属：使君子科榄仁树属。

别　　名：细叶榄仁、雨伞树、非洲榄仁。

形态特征：落叶乔木，高可达 15 m。侧枝假轮生，水平展开，层次分明有序。叶 4～7 片轮生或近簇生于短枝；叶片革质，倒卵状披针形，先端钝圆，基部楔形，边缘全缘；主脉黄色，在两面均突起，侧脉 4～7 对，上部脉腋具腺体和腺窝。花两性，穗状花序腋生；花小而不明显。核果纺锤形。种子 1 粒。

花　果　期：花期 6～9 月，果期 10～12 月。

产地与分布：原产于非洲。我国台湾、香港、广东、广西、福建、海南、云南等地有栽培。

生态习性：喜光。喜高温湿润气候。对土壤要求不高，适应性强。

繁殖方法：播种繁殖。

观赏特性与应用：主干浑圆挺直，树形优美，层次分明，树姿清秀挺拔。常种于庭院和道路两旁，适合在建筑、广场周边，道路两旁，庭院开阔地等作点缀绿化。

锦叶榄仁 *Terminalia neotaliala* 'Tricolor'

科　　属：使君子科榄仁树属。

别　　名：花叶榄仁、三色榄仁、银边榄仁、彩叶榄仁、雪花榄仁。

形态特征：落叶乔木，高可达 20 m。树皮浅褐色，遍布浅色的点状短线条。枝短，自然分层，轮生于主干四周，向上展开呈斜斗形。叶 4 ~ 7 片轮生；叶片倒阔披针形或长倒卵形，叶色多变。核果扁平，具角或 2 ~ 5 枚翅。

花 果 期：花期 6 ~ 9 月，果期 10 ~ 12 月。

产地与分布：原产于马达加斯加。我国台湾、广东、福建、海南、广西、香港等地有栽培。

生态习性：喜光。喜高温湿润气候。耐瘠薄，在排水良好、日照充足的壤土上生长迅速。

繁殖方法：扦插繁殖、嫁接繁殖、组织培养。

观赏特性与应用：主干笔直，树形独特，叶色多变，观赏价值高。适合在公园、广场、生活小区、屋村和海滨等地丛植或片植。

红树科

竹节树 *Carallia brachiata* (Lour.) Merr.

科　　属：红树科竹节树属。

别　　名：竹球、山竹公、山竹犁、气管木、鹅肾木、鹅唇木。

形态特征：常绿乔木，高 7 ~ 10 m。树皮平滑，少具裂纹，灰褐色。叶片倒卵形、倒卵状长圆形，有时近圆形，先端短渐尖或钝尖，基部楔形，边缘全缘，稀具齿。花序腋生，分枝短；花小，花瓣白色。果近球形，顶端冠以短三角形萼齿。

花　果　期：花期冬季至翌年春季，果期春夏季。

产地与分布：产于我国广东、广西等省（自治区）及沿海岛屿。马达加斯加、斯里兰卡、印度、缅甸、泰国、越南、马来西亚至澳大利亚北部有分布，我国海南、云南等省也有分布。

生态习性：偏阳性。喜温暖湿润气候。对土壤要求不高，适应性强。耐旱，耐贫瘠，耐寒，耐水湿。

繁殖方法：播种繁殖、扦插繁殖。

观赏特性与应用：树冠伞状，枝叶茂密，常年亮绿，树形优美。常作水源林和园林绿化树，适合荒山造林及道路、建筑四旁绿化。

藤黄科

科　　属：藤黄科藤黄属。

别　　名：费雷、咪举。

形态特征：乔木，高可达 25 m。幼枝压扁状，四棱形。叶片嫩时紫红色，膜质，老时近革质，椭圆形或倒卵状长圆形，先端锐尖或短渐尖，基部楔形，边缘反卷。花杂性，雌雄同株，数朵组成腋生的聚伞花序；花瓣卵形，边缘膜质，近透明。果长圆形，熟时黄色略带红色，光滑。

花　果　期：花期 6～7 月，果期 11～12 月。

产地与分布：产于我国广西。我国云南等省有分布。越南也有分布。

生态习性：偏阴性树种，幼树需庇荫生长，大树喜光。喜湿润、肥沃的土壤，抗旱性较强。

繁殖方法：播种繁殖。

观赏特性与应用：树形美观，嫩叶鲜红。可作园景树。

菲岛福木 *Garcinia subelliptica* Merr.

科　　属：藤黄科藤黄属。

别　　名：福木、福树。

形态特征：常绿乔木，高可达 20 m。小枝坚韧粗壮，具 4~6 条棱。叶片厚革质，卵形、卵状长圆形或椭圆形，稀圆形或披针形，先端钝、圆形或微钝，基部宽楔形至近圆形。花杂性，雌雄同株，簇生或单生于落叶叶腋，有时雌花成簇生状，雄花成假穗状；雄花萼片近圆形，革质；花瓣倒卵形，黄色，花药双生。浆果宽长圆形，熟时黄色，光滑。

花果期：花期 6~7 月，果期 8~9 月。

产地与分布：产于我国台湾南部。日本、菲律宾、斯里兰卡、爪哇岛等地也有分布。

生态习性：喜高温。喜光照强而气候温暖的环境。抗风。耐盐碱。以富含有机质的土壤为佳。

繁殖方法：播种繁殖、高空压条繁殖。

观赏特性与应用：树冠圆锥形，枝叶茂密。宜作园景树、行道树及滨海绿化树，幼树可作大型盆栽。

铁力木 *Mesua ferrea* L.

科　　属： 藤黄科铁力木属。

别　　名： 铁栗木、铁棱。

形态特征： 常绿乔木，高 20 ~ 30 m。树皮薄，开裂。叶片嫩时黄色带红，老时近革质，叶尖下垂，披针形或狭卵状披针形，先端渐尖或长渐尖，基部楔形。花两性，1 ~ 2 朵顶生或腋生，白色；萼片和花瓣均 4 片。果卵球形，熟时具纵皱纹。种子 1 ~ 4 粒。

花 果 期： 花期 3 ~ 5 月，果期 8 ~ 10 月。

产地与分布： 产于亚洲热带地区。分布于我国广东、广西、云南等省（自治区）。印度、斯里兰卡、孟加拉国、泰国、越南等国也有分布。在我国广西主产区为南宁市和藤县、容县、凭祥、宁明等县（市）。

生态习性： 喜光。喜高温高湿气候。对土壤要求中等，适宜在土层深厚、排水良好的地方种植。

繁殖方法： 播种繁殖。

观赏特性与应用： 树干通直，树冠锥形，树形优美，枝繁叶茂，老叶浓绿，幼叶鲜红，花大且芳香。可作优良的庭院观赏树。

椴树科

蚬木 *Excentrodendron tonkinense* (A. Chev.) H. T. Chang et R. H. Miau

科　　属：椴树科蚬木属。

别　　名：节花蚬木、姜叶蚬木、菱叶蚬木。

形态特征：常绿乔木，高可达 30 m。嫩枝及顶芽均无毛。叶片革质，卵形，先端渐尖，基部圆形，边缘全缘，基出脉 3 条；叶柄圆柱形，无毛。雄花排成圆锥花序，雌花排成总状花序；花瓣倒卵形，无柄。蒴果纺锤形，果柄具节。

花 果 期：花期 3～5 月，果期 6～7 月。

产地与分布：产于广西。主要分布于百色市和天峨、巴马、隆安、武鸣、龙州、大新、宁明、凭祥等县（区、市）。

生态习性：喜暖热气候，不耐寒。幼树偏耐阴，大树喜光。耐干旱，不耐涝。不宜在酸性土上生长，在贫瘠的砖红壤上生长停滞，甚至死亡。

繁殖方法：播种繁殖。

观赏特性与应用：枝叶浓密。可作庭荫树、园景树。

杜英科

中华杜英 *Elaeocarpus chinensis* (Gardn. et Chanp.) Hook. f. ex Benth.

科　　属：杜英科杜英属。

别　　名：华杜英、桃榅、羊屎乌。

形态特征：常绿小乔木，高3～7 m。嫩枝被柔毛，老枝秃净，干后黑褐色。叶片薄革质，卵状披针形或披针形。总状花序生于无叶的去年生枝上；花两性或单性，花瓣5片，不分裂。核果椭球形。

花 果 期：花期5～6月，果期9～10月。

产地与分布：产于广东、广西、浙江、福建、江西、贵州、云南等省（自治区）。在广西主要分布于桂林市和金秀、巴马、苍梧、平南等县。

生态习性：喜温暖湿润气候。在排水良好的酸性黄壤上生长迅速。砍伐后伐根萌芽更生能力极强。

繁殖方法：播种繁殖。

观赏特性与应用：树干通直，枝叶茂密、紧凑，树冠圆锥状，形态优美，是优良的行道树、庭院树及园景树。

杜英 *Elaeocarpus decipiens* Hemsl.

科　　属：杜英科杜英属。

别　　名：假杨梅、缘瓣杜英、野橄榄。

形态特征：常绿乔木，高 5 ~ 15 m。嫩枝及顶芽初时被微毛，不久秃净，干后黑褐色。叶片革质，披针形或倒披针形，先端渐尖，尖头钝，基部楔形，常下延，边缘具小钝齿。总状花序多生于叶腋及无叶的去年生枝条上，花白色。核果椭球形。种子 1 粒。

花 果 期：花期 6 ~ 7 月，果期 11 月至翌年 2 月。

产地与分布：产于广东、广西、福建、台湾、浙江、江西、湖南、贵州和云南等省（自治区）。在广西主要分布于钦州、防城港等市。

生态习性：喜温暖湿润气候，抗寒性较弱。稍耐阴。

繁殖方法：播种繁殖。

观赏特性与应用：树形美观，秋季叶变红色，鲜艳悦目。适宜作行道树、园景树和四旁绿化树。

水石榕 *Elaeocarpus hainanensis* Oliver

科　　属：杜英科杜英属。

别　　名：海南胆八树、海南杜英。

形态特征：小乔木，高 4～10 m。叶片革质，狭窄倒披针形，先端尖，基部楔形，幼时两面均秃净；老叶腹面深绿色，背面浅绿色。总状花序生于当年生枝的叶腋，花瓣白色。核果纺锤形，两端尖。种子 1 粒。

花 果 期：花期 6～7 月，果期 7～9 月。

产地与分布：产于海南、广西、云南等省（自治区）。在广西主要分布于南部。

生态习性：喜湿润，不耐干旱。喜生于低湿处及山谷水边。

繁殖方法：播种繁殖。

观赏特性与应用：树冠分层、塔状，花芳香、洁白素雅，为观花、观叶的常绿小乔木。可作庭院树和公园绿化树。

日本杜英 *Elaeocarpus japonicus* Sieb. et Zucc.

科　　属：杜英科杜英属。

别　　名：薯豆。

形态特征：常绿乔木。嫩枝无毛。叶片革质，通常卵形，亦有椭圆形或倒卵形，先端锐尖，尖头钝，基部圆形或钝，初时两面均密被银灰色绢毛，很快毛秃净；老叶腹面深绿色，发亮，干后仍有光泽，背面无毛，具多数细小黑色腺点，边缘具疏齿。总状花序生于当年生枝的叶腋，花两性或单性。核果椭球形。种子1粒。

花 果 期：花期3~5月，果期5~6月。

产地与分布：产于长江以南地区。广西各地有分布。

生态习性：生于土层深厚、肥沃、排水良好的丘陵、山谷地带。

繁殖方法：播种繁殖。

观赏特性与应用：四季常绿，材质优良。常作用材树，也可作园景树、行道树。

毛果杜英 *Elaeocarpus rugosus* Roxburgh

科　　属：杜英科杜英属。

别　　名：尖叶杜英。

形态特征：乔木，高可达 30 m。叶聚生于枝顶；叶片革质，倒卵状披针形，先端钝，偶有短小尖头，中部以下渐变狭窄，基部窄而钝，边缘全缘或上半部具小钝齿。总状花序生于枝顶叶腋，具花 5～14 朵。核果椭球形，被褐色茸毛。

花　果　期：花期 8～9 月，果冬季成熟。

产地与分布：产于海南、云南、广东等省。在广西主要分布于南部。

生态习性：阳性树种，幼树颇耐阴。喜温暖至高温、湿润气候。对土壤要求不高。

繁殖方法：播种繁殖。

观赏特性与应用：主干笔直挺拔，树冠层次分明，枝叶稠密，整齐壮观。适宜作行道树和园景树。

山杜英 *Elaeocarpus sylvestris* (Lour.) Poir.

科　　属：杜英科杜英属。

别　　名：羊屎树、羊仔屎、胆八树。

形态特征：小乔木，高约 10 m。小枝纤细，通常秃净无毛；老枝干后暗褐色。叶片纸质，倒卵形或倒披针形，先端钝或略尖，基部窄楔形；叶柄无毛。总状花序生于枝顶叶腋，花白色。核果细小，椭球形。

花　果　期：花期 4～5 月，果期 10 月。

产地与分布：产于广东、海南、广西、福建、浙江、江西、湖南、贵州、四川、云南等省（自治区）。广西各地有分布。

生态习性：喜湿润的森林气候。幼龄树喜半阴，成年树喜光照充足，但也较耐郁闭。抗风性较强。对土壤适应性较强。

繁殖方法：播种繁殖。

观赏特性与应用：枝叶繁茂，树冠圆整，常年有红叶，可作行道树和园景树。

猴欢喜 *Sloanea sinensis* (Hance) Hemsl.

科　　属：杜英科猴欢喜属。

别　　名：猴板栗、狗欢喜、树猬、山板栗。

形态特征：乔木，高可达 20 m。叶片薄革质，长圆形或狭倒卵形，先端短急尖，基部楔形或收窄而略圆，圆形或披针形，边缘全缘。花多朵簇生于枝顶叶腋；花瓣 4 片，白色。蒴果。种子椭球形，黑色，有光泽。

花　果　期：花期 9～11 月，果期翌年 6～7 月。

产地与分布：产于广东、海南、广西、贵州、湖南、江西、福建、台湾和浙江等省（自治区）。广西各地有分布。

生态习性：喜湿润气候。抗寒性较强，较耐暑热。对土壤要求高，石灰岩山地不宜种植。喜湿润，忌积水。

繁殖方法：播种繁殖。

观赏特性与应用：枝叶浓密，形态优美。可作行道树、园景树和生活小区的绿化树。

梧桐科

槭叶瓶干树 *Brachychiton acerifolius* (A. Cunn. ex G.Don) F. Muell.

科　　属：梧桐科酒瓶树属。

别　　名：澳洲火焰木、澳洲火焰树、槭叶瓶子树。

形态特征：常绿乔木，高可达 12 m。树干通直。树皮绿色。叶互生；叶片掌状深裂，革质。圆锥花序；花萼橙红色，状如小铃铛或小酒瓶。蓇葖果长圆状棱柱形，熟时深褐色。

花　果　期：花期 4～7 月。

产地与分布：原产于澳大利亚。我国南部广泛引种栽培。

生态习性：喜强光。喜高温，耐寒，可耐 –4℃低温。耐旱。耐贫瘠。喜湿润且排水良好的微酸性土。

繁殖方法：播种繁殖。

观赏特性与应用：树形伞状，花色艳丽，是优美的观赏树。宜作庭院绿化树和行道树，可孤植、对植、列植和丛植。

长柄银叶树 *Heritiera angustata* Pierre

科　　属：梧桐科银叶树属。

别　　名：大叶银叶树、白符公、白楠。

形态特征：常绿乔木，高可达 12 m。树皮灰色。小枝幼时被柔毛。叶片革质，矩圆状披针形，边缘全缘，先端渐尖或钝，基部尖锐或近心形，腹面无毛，背面被银白色或略带金黄色的鳞秕。圆锥花序顶生或腋生，花红色。核果坚硬，椭球形，褐色，顶端具翅。种子卵球形。

花 果 期：花期 6 ~ 11 月，果期翌年 3 ~ 4 月。

产地与分布：产于广东、云南。广西防城港有栽培。

生态习性：生于山地或海岸附近。喜高湿气候。较耐阴。抗寒性较强。适种于肥沃、湿润的森林酸性土和沿海碱性砂土上，不适宜在干旱贫瘠土上生长。

繁殖方法：播种繁殖。

观赏特性与应用：树叶浓密，叶色多彩。可作生活小区的绿化树和行道树。

假苹婆 *Sterculia lanceolata* Cav.

科　　属：梧桐科苹婆属。

别　　名：赛苹婆、鸡冠木、山羊角。

形态特征：乔木，高可达 10 m。叶片椭圆形、披针形或椭圆状披针形，先端急尖，基部钝或近圆形，腹面和背面近无毛。圆锥花序腋生；花淡红色，萼片 5 枚。蓇葖果鲜红色，长卵形或长椭球形，顶端具喙。种子黑褐色，椭球状卵形。

花 果 期：花期 4～6 月，果期 6～7 月。

产地与分布：产于广东、广西、云南、贵州和四川等省（自治区）。在广西主要分布于河池、百色、梧州、玉林、南宁、钦州等市。

生态习性：喜光。喜温暖湿润气候。对土壤要求不高。

繁殖方法：播种繁殖、扦插繁殖。

观赏特性与应用：树冠浓密，果色鲜艳，是优良的庭院及道路绿化树。

苹婆 *Sterculia monosperma* Ventenat

科　　属：梧桐科苹婆属。

别　　名：枇杷果、凤眼果、七姐果。

形态特征：乔木，高可达 10 m。树皮黑褐色。嫩枝略被星状毛。单叶；叶片薄革质，矩圆形或椭圆形，先端急尖或钝，基部浑圆或钝，两面均无毛。圆锥花序顶生或腋生；花萼乳白色转淡红色，钟形。蓇葖果鲜红色，厚革质，矩圆状卵形，顶端有喙。种子 1～4 粒，椭球形或矩球形，黑褐色。

花 果 期：花期 4～5 月，少数植株 10～11 月二次开花，果期 7～8 月。

产地与分布：产于广东、广西、福建、云南、台湾等省（自治区）。在广西主要分布于河池、百色、贵港等市和博白、北流、容县、上林、宁明、大新、龙州、天等、上思、灵山等县（市）。

生态习性：喜光，耐阴。喜生于排水良好的肥沃土壤上。

繁殖方法：播种繁殖、扦插繁殖。

观赏特性与应用：树冠球形，翠绿浓密，是优良的庭院绿化树和行道树。

木棉科

木棉 *Bombax ceiba* Linnaeus

科　　属：木棉科木棉属。

别　　名：红棉、英雄树、攀枝花、攀枝、斑芝树、斑芝棉。

形态特征：落叶大乔木，高可达 25 m。树皮灰白色。幼树树干通常具圆锥状粗刺。掌状复叶；小叶长圆形至长圆状披针形，先端渐尖，基部阔或渐狭，边缘全缘，两面均无毛。花单生于枝顶叶腋，通常红色，有时橙红色；花萼杯形；花瓣肉质，倒卵状长圆形。蒴果长圆形，钝，密被灰白色长柔毛和星状柔毛。种子多数，倒卵形，光滑。

花 果 期：花期 3～4 月，果期夏季。

产地与分布：产于云南、四川、贵州、广西、江西、广东、福建、台湾等省（自治区）。在广西主要分布于红水河以南地区，阳朔县有栽培。

生态习性：喜强光。喜高温。耐干旱。对土壤要求不高。

繁殖方法：播种繁殖。

观赏特性与应用：树姿巍峨，花大而美。可作庭院观赏树、行道树。

美丽异木棉 *Ceiba speciosa* (A. St.-Hil.) Ravenna

科　　属：木棉科吉贝属。

别　　名：美人树、美丽木棉、丝木棉。

形态特征：落叶乔木，高 10 ～ 15 m。幼树树皮绿色，密生圆锥状皮刺。侧枝平展，轮生。掌状复叶；小叶 5 ～ 7 片，椭圆形，先端长渐尖或尾尖，基部狭楔形，边缘具齿。花单生；花冠淡紫红色，中心乳白色；花瓣 5 片。蒴果椭球形，果皮木质。种子黑色，外面被大量白色长绵毛。

花 果 期：花期 10 月至翌年 2 月，种子翌年 5 月成熟。

产地与分布：原产于南美洲。我国广西南部有引种栽培。

生态习性：喜温暖湿润气候，稍耐寒。

繁殖方法：播种繁殖。

观赏特性与应用：花色美艳，树冠整齐，飘逸飒爽，属优良的观花乔木。可作庭院绿化树和行道树。

瓜栗 *Pachira aquatica* Aublet

科　　属：木棉科瓜栗属。

别　　名：发财树、中美木棉、马拉巴栗、水瓜栗。

形态特征：小乔木，高 4～5 m。树冠较松散。幼枝栗褐色，无毛。小叶具短柄或近无柄，长圆形至倒卵状长圆形，先端渐尖，基部楔形，边缘全缘，腹面无毛，背面及叶柄均被锈色星状茸毛。花单生于枝顶叶腋；花萼杯状，近革质，宿存，基部具圆形腺体；花瓣淡黄绿色，狭披针形至线形，上半部反卷。蒴果近梨形，熟时黄褐色。种子多数，不规则梯状楔形；表皮暗褐色，具白色螺纹。

花 果 期：花果期 5～11 月。

产地与分布：原产于墨西哥至哥斯达黎加。我国广西南宁、钦州、崇左等市有栽培。

生态习性：喜强光。喜温热气候，宜年均气温在 21℃以上，可耐轻霜和短期 0℃低温。适生于土层深厚、湿润的酸性土上，在干燥、贫瘠地生长不良。

繁殖方法：播种繁殖。

观赏特性与应用：美观、优良的绿化树。

锦葵科

黄槿 *Talipariti tiliaceum* (L.) Fryxell.

科　　属：锦葵科黄槿属。

别　　名：盐水面头果、万年春、海麻、桐花、右纳、海罗树、弓背树。

形态特征：常绿灌木或乔木，高 4 ~ 10 m。树皮灰白色。小枝无毛或近无毛。叶片革质，近圆形或广卵形，先端突尖，有时短渐尖，基部心形，边缘全缘或具不明显的细圆齿，腹面绿色，嫩时被极细星状毛，逐渐光滑无毛，背面密被灰白色星状柔毛；托叶叶状，长圆形。花序顶生或腋生，常数朵花排成聚伞花序；花冠钟形；花瓣黄色，倒卵形。蒴果卵球形，被茸毛，木质。种子光滑，肾形。

花 果 期：花期 6 ~ 8 月。

产地与分布：产于广西、台湾、广东、福建等省（自治区）。在广西主要分布于南部沿海地区。

生态习性：阳性树种。生长适温为 23 ~ 35℃。耐盐碱，适于海边种植。耐旱，耐贫瘠。以砂壤土为佳。

繁殖方法：扦插繁殖。

观赏特性与应用：可作为行道树。树皮纤维可制绳索，嫩枝叶可蔬食。木材坚硬致密，耐朽性强，适作建筑、船及家具等用材。

玉蕊科

玉蕊 *Barringtonia racemosa* (L.) Spreng

科　　属：玉蕊科玉蕊属。

别　　名：水茄苳、穗花棋盘脚。

形态特征：常绿小乔木或中等大乔木，高可达 20 m。小枝灰褐色。叶丛生于枝顶；具短柄；叶片纸质，倒卵形至倒卵状椭圆形或倒卵状矩圆形，先端短尖至渐尖，基部钝，微心形，边缘具小齿。总状花序顶生，下垂；花瓣 4 片，白色或粉红色。果卵球形，微具 4 条钝棱。种子卵形。

花 果 期：花期几乎全年，果期 9 ~ 11 月。

产地与分布：原产于我国海南、台湾、云南、广东和广西等省（自治区），也产于非洲、亚洲和大洋洲的热带和亚热带地区。我国广西北海、钦州、防城港等市有分布。

生态习性：喜温暖湿润气候。较耐旱和耐涝。喜土层深厚、富含腐殖质的壤土或砂壤土。

繁殖方法：播种繁殖、扦插繁殖、高空压条繁殖。

观赏特性与应用：树形美观，枝叶繁茂，花香淡雅。是优良的园景树，适宜作公园、庭院、街道等处的园林绿化树。

大戟科

石栗 *Aleurites moluccanus* (L.) Willd.

科　　属：大戟科石栗属。

别　　名：烛果树、海胡桃、黑桐油树、铁桐、油果、检果、油桃、南洋石栗、烛栗。

形态特征：常绿乔木，高可达 18 m。树皮暗灰色，浅纵裂至近平滑。嫩枝密被灰褐色星状微柔毛；成熟枝近无毛。叶片纸质，卵形至椭圆状披针形，先端短尖至渐尖，边缘全缘或浅裂。花雌雄同序或异序；花瓣长圆形，乳白色至乳黄色。核果近球形或稍偏斜的球形。种子球形，侧扁；种皮坚硬，具疣状突棱。

花　果　期：花期 4～10 月，果期 10～12 月。

产地与分布：产于福建、台湾、广东、海南、广西、云南等省（自治区）。在广西主要分布于东南部、西部及西南部。

生态习性：喜高温高湿气候，耐短期 –1℃左右低温，但忌重霜。适生于湿润、肥沃的酸性土至中性土上，也耐贫瘠。

繁殖方法：播种繁殖。

观赏特性与应用：树冠浓绿，可作行道树或庭院绿化树。

五月茶 *Antidesma bunius* (L.) Spreng

科　　属：大戟科五月茶属。

别　　名：五味子、五味叶、酸味树。

形态特征：乔木，高可达 10 m。小枝具明显的皮孔，除叶片背面中脉、叶柄、花萼两面和退化雌蕊被短柔毛或柔毛外，其余部分均无毛。叶片纸质，长椭圆形、倒卵形或长倒卵形，先端急尖至圆形，具短尖头，基部宽楔形或楔形，腹面深绿色，有光泽，背面绿色；托叶线形，早落。雄花序为顶生的穗状花序；雌花序为顶生的总状花序，花柱顶生。核果近球形或椭球形，熟时红色。

花 果 期：花期 3～5 月，果期 6～11 月。

产地与分布：产于江西、福建、湖南、广东、海南、广西、贵州、云南和西藏等省（自治区）。在广西主要分布于南丹、天峨、西林、隆林、隆安、宁明、龙州等县。

生态习性：喜阳。喜温暖湿润气候。对土壤要求不高，但以肥沃的砂壤土为佳。

繁殖方法：播种繁殖。

观赏特性与应用：叶色深绿，红果累累，是美丽的观赏树。

秋枫 *Bischofia javanica* Bl.

科　　属： 大戟科秋枫属。

别　　名： 常绿重阳木、大果重阳木。

形态特征： 常绿或半常绿大乔木，高可达 40 m。树干圆满通直，分枝低，主干较短。树皮灰褐色至棕褐色。小叶纸质，卵形、椭圆形、倒卵形或椭圆状卵形，先端急尖或短尾状渐尖，基部宽楔形至钝，边缘具浅齿。花小，雌雄异株，圆锥花序腋生。浆果球形或近球形，淡褐色。种子长圆形。

花 果 期： 花期 4~5 月，果期 8~10 月。

产地与分布： 产于陕西、江苏、安徽、浙江、江西、福建、台湾、河南、湖北、湖南、广东、海南、广西、四川、贵州、云南等省（自治区）。广西各地有分布。

生态习性： 幼树稍耐阴。喜水湿。喜土层深厚、湿润、肥沃的砂壤土。

繁殖方法： 播种繁殖。

观赏特性与应用： 树冠浓绿，可作观赏树和行道树。

重阳木 *Bischofia polycarpa* (Levl.) Airy Shaw

科　　属：大戟科秋枫属。

别　　名：大秋枫、水红木、茄冬树、枫风树。

形态特征：落叶乔木，高可达 15 m。树皮褐色，纵裂。小枝无毛；当年生枝绿色，皮孔明显，灰白色；老枝褐色，皮孔锈褐色。三出复叶；顶生小叶通常较两侧的小叶大；小叶纸质、卵形或椭圆状卵形，有时长圆状卵形，先端突尖或短渐尖，基部圆形或浅心形。花雌雄异株，总状花序下垂。浆果球形，熟时红褐色。

花 果 期：花期 4 ~ 5 月，果期 10 ~ 11 月。

产地与分布：产于秦岭、淮河以南至福建以及广东北部。在广西主要分布于梧州市和临桂、全州、龙州等县（区）。

生态习性：喜光照充足，稍耐阴。喜温暖湿润气候，不耐寒。对土壤要求不高。

繁殖方法：播种繁殖。

观赏特性与应用：树冠伞形。木材可作建筑、船、车辆、家具等用材。果肉可酿酒。种子可食用，也可用于制作润滑油和肥皂油。

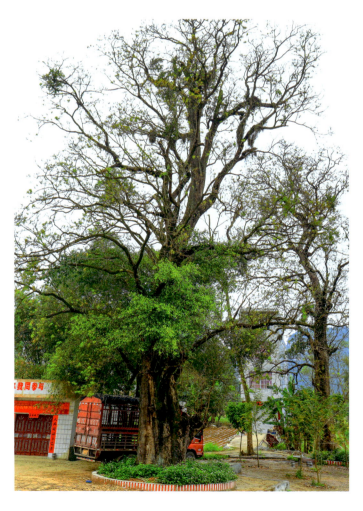

蝴蝶果 *Cleidiocarpon cavaleriei* (Levl.) Airy shaw

科　　属：大戟科蝴蝶果属。

别　　名：山板栗、猪油果、猴果。

形态特征：乔木，高可达 25 m。幼嫩枝叶疏生微星状毛，后无毛。叶片纸质，椭圆形、长圆状椭圆形或披针形，基部楔形。圆锥花序密生灰黄色微星状毛；花梗短或近无。核果呈偏斜的卵球形或双球形。种子近球形。

花　果　期：花果期 5 ~ 11 月。

产地与分布：产于贵州、广西、云南等省（自治区）。在广西主产区为都安、巴马、东兰、凤山、凌云、田林、隆林、靖西、那坡、田东、田阳、马山、武鸣、宁明、龙州、凭祥、大新、扶绥、浦北、防城等县（区、市）。

生态习性：喜光。喜温暖气候，幼苗忌霜冻。耐干旱、贫瘠。

繁殖方法：播种繁殖。

观赏特性与应用：四季常绿，枝叶茂密。是热带、南亚热带地区优良的庭院绿化树。

山乌桕 *Triadica cochinchinensis* Loureiro

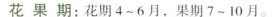

科　　属: 大戟科乌桕属。

别　　名: 红心乌桕。

形态特征: 乔木,高 3～12 m。小枝灰褐色,具皮孔。叶互生;叶片纸质,嫩时淡红色,椭圆形或长卵形,先端钝或短渐尖,基部短狭或楔形,背面近缘常具数个圆形腺体。花单性,雌雄同株;总状花序顶生,雌花生于花序轴下部,雄花生于花序轴上部或有时整个花序全为雄花。蒴果熟时黑色,球形。种子近球形。

花　果　期: 花期 4～6 月,果期 7～10 月。

产地与分布: 产于我国南部。广西各地有栽培。

生态习性: 喜光。喜深厚、湿润的土壤。

繁殖方法: 播种繁殖。

观赏特性与应用: 秋季满树红叶,是优良的乡土观叶树,可作行道树、庭院树和园景树。

乌桕 *Triadica sebifera* (Linnaeus) Small

科　　属：大戟科乌桕属。

别　　名：木子树、桕子树、腊子树、米柏、糠柏、多果乌桕、桂林乌桕。

形态特征：落叶乔木，高可达 15 m。各部均无毛，具乳汁。叶互生；叶片纸质，菱形、菱状卵形，先端骤缩成长短不等的尖头，基部阔楔形或钝，边缘全缘。花单性，雌雄同株，总状花序顶生。蒴果梨状球形，熟时黑色。种子扁球形，黑色。

花 果 期：花期 4～8 月，果期 8～12 月。

产地与分布：主要分布于我国北亚热带和中亚热带地区。广西各地有栽培，桂北地区最为常见。

生态习性：喜光，耐涝性较强。对土壤适应性强，在酸性至弱碱性的砂壤土上均可生长。

繁殖方法：播种繁殖。

观赏特性与应用：树冠整齐，秋季叶色变红。可作行道树、护堤树、庭院树和园景树。

蔷薇科

碧桃 *Amygdalus persica* var. *persica* f. **duplex** Rehd.

科　　属：蔷薇科桃属。

别　　名：千叶桃花。

形态特征：落叶小乔木，高可达 8 m。树皮灰褐色，老时粗糙呈鳞片状。枝多直立生长，小枝细长，嫩枝绿色或带红色，后转为红褐色，无毛，具大量小皮孔。单叶互生；叶片椭圆形或披针形，边缘具细齿。花单生或 2 朵生于叶腋，先叶开放。果卵形、宽椭球形或扁球形。

花 果 期：花期 3~4 月，果期 8~9 月。有些品种只开花而不结果。

产地与分布：原产于我国，多国有引种栽培。

生态习性：喜光。喜温暖气候，抗寒性强。耐旱，不耐潮湿。

繁殖方法：播种繁殖、扦插繁殖、嫁接繁殖。

观赏特性与应用：花朵丰腴，色彩鲜艳丰富，花形多。生活小区、公园、街道多有种植。

山樱花 *Cerasus serrulata* (Lindl.) G. Don ex London

科　　属：蔷薇科樱属。

别　　名：樱花、福岛樱、青肤樱、福建山樱花。

形态特征：落叶乔木，高可达 25 m。树皮灰褐色或灰黑色。小枝灰白色或淡褐色，无毛。冬芽卵圆形，无毛。叶片卵状椭圆形或倒卵状椭圆形，先端渐尖，基部圆形，边缘具渐尖单齿及重齿，齿尖具小腺体，两面均无毛，背面被白霜，早落。花序伞房总状或近伞形；花白色或粉红色，无毛。核果球形或卵球形，熟后紫黑色。

花 果 期：花期 4~5 月，果期 6~7 月。

产地与分布：产于日本、朝鲜和我国。我国桂北地区有分布。

生态习性：喜光。喜土层深厚、肥沃且排水良好的微酸性土。不耐盐碱。

繁殖方法：播种繁殖、扦插繁殖、嫁接繁殖。

观赏特性与应用：树形优美，叶片油亮，花朵鲜艳。是园林绿化中优秀的观花树，广泛种于绿化道路、生活小区、公园、庭院、河堤等。

枇杷 *Eriobotrya japonica* (Thunb.) Lindl.

科　　属：蔷薇科枇杷属。

别　　名：金丸、芦枝、芦橘、炎果、焦子。

形态特征：常绿小乔木，高可达 10 m。幼枝粗壮，密生锈色或灰棕色茸毛，后毛逐渐脱落。叶片革质，披针形、倒披针形、倒卵形或椭圆状矩圆形，先端急尖或渐尖，基部楔形或渐狭成叶柄，边缘上部具疏齿，腹面多皱，背面及叶柄均密生灰棕色茸毛。圆锥花序顶生；花芳香，花瓣白色。梨果球形或矩球形，熟时黄色或橘黄色。

花 果 期：花期 10～12 月，果期翌年 5～6 月。

产地与分布：原产于我国。日本、印度及东南亚各国有分布。我国广西各地有栽培。

生态习性：喜光，稍耐阴。喜温暖气候。喜肥沃、湿润、排水良好的土壤。

繁殖方法：播种繁殖、嫁接繁殖、压条繁殖。

观赏特性与应用：树姿优美，花、果色泽艳丽。是优良的绿化树和蜜源植物。

大叶桂樱 *Laurocerasus zippeliana* (Miq.) T. T. Yu et L. T. Lu

科　　属：蔷薇科桂樱属。

别　　名：大叶稠李、黄土树、黑茶树、驳骨木、大叶野樱。

形态特征：常绿乔木，高4~8m。枝粗糙，灰褐色，无毛。叶片革质，长椭圆形、倒卵状椭圆形或阔长圆形，先端急尖，基部宽楔形至近圆形，边缘具粗齿，齿端具黑色硬腺，两面均无毛。总状花序腋生；花白色，花瓣倒卵形。果卵状长圆形或长圆形，顶端急尖，熟时黑褐色。

花　果　期：花期3~4月或9~10月，果期7月或翌年1~3月。

产地与分布：产于甘肃、陕西、湖北、湖南、江西、浙江、福建、台湾、广东、广西、贵州、四川、云南等省（自治区）。在广西主要分布于崇左、贵港等市，阳朔、临桂、平乐、永福、融水、蒙山、昭平、那坡、德保、靖西、马山、容县等县（区、市）和大明山。

生态习性：喜光。适种于土层深厚、排水良好的地方。

繁殖方法：播种繁殖。

观赏特性与应用：树干、叶、花、果、树形均具有良好的观赏价值。是城市街道、景区、庭院良好的绿化树。

含羞草科

台湾相思 *Acacia confusa* Merr.

科　　属：含羞草科相思树属

别　　名：相思仔、台湾柳、相思树

形态特征：常绿乔木，高可达 20 m。树皮灰色或褐色，稍粗糙。小枝纤细无刺。第一片真叶为羽状复叶，长大后小叶退化，叶柄变为叶状柄；叶状柄革质，披针形，直或微镰刀形，两端渐窄，先端略钝，两面均无毛。头状花序球形，单生或 2～3 个簇生于叶腋；花金黄色，微香。荚果扁平，干时深褐色，有光泽。种子 2～8 粒，椭球形。

花 果 期：花期 4～5 月，果期 7～8 月。

产地与分布：分布于菲律宾、印度尼西亚、斐济等国和我国台湾、福建、广东及广西等省（自治区）。我国广西各地有分布。

生态习性：喜光，耐半阴。喜温暖湿润气候，耐霜冻，不耐冰冻。喜酸性土。耐干旱、贫瘠。

繁殖方法：播种繁殖。

观赏特性与应用：树冠苍翠，适作行道树、园景树、防风树、护坡树。

马占相思 *Acacia mangium* Willd.

科　　属：含羞草科相思树属。

别　　名：大叶相思、旋荚相思树、直干相思树。

形态特征：高大乔木，高可达 30 m。树皮表面粗厚，暗灰棕色至褐色。小枝三菱形；叶柄膨大成假叶（叶状柄），基部分出 4 条主脉，具众多网状支脉。穗状花序单生或对生于上部叶腋。成熟荚果螺旋状卷曲，微木质。种子椭球形，黑色，有光泽，具黄色珠柄。

花 果 期：花期 9～12 月，果期翌年 5 月。

产地与分布：原产于澳大利亚东北部、巴布亚新几内亚和印度尼西亚等。我国海南、广东、广西、福建、云南等省（自治区）有引种栽培。我国广西南宁、梧州等市和合浦县有栽培。

生态习性：喜光。喜温暖湿润气候。不耐寒。不耐碱性土，在微酸性土上生长良好。

繁殖方法：播种繁殖。

观赏特性与应用：树形优美，枝叶繁茂，叶大翠绿。是优良的行道树和公路绿化树。

珍珠相思 *Acacia podalyriifolia* G. Don

科　　属：含羞草科相思树属。

别　　名：珍珠合欢、真珠相思。

形态特征：常绿小乔木，高 2～8 m。树皮灰绿色，薄而平滑。小枝密被白色茸毛。叶状柄表面灰绿色至银白色，宽卵形或椭圆形。头状花序总状排列，花金黄色。荚果长椭球形或扁形，熟时褐色。种子 4～9 粒，扁椭球形，黑色，有光泽。

花 果 期：花期 1～3 月，果期 5 月。

产地与分布：原产于澳大利亚。我国广西、广东、福建等省（自治区）有引种栽培。在我国广西主要分布于低海拔地区。

生态习性：喜光。喜温暖湿润气候，耐短期轻霜。生长土质以排水良好的酸性壤土或砂壤土为佳。

繁殖方法：播种繁殖。

观赏特性与应用：开花时节满树灿烂金黄，枝叶银灰色，是冬季重要的观花树。适作庭院树、行道树。

海红豆 *Adenanthera microsperma* Teijsmann & Binnendijk

科　　属：含羞草科海红豆属。

别　　名：相思格、孔雀豆、红豆。

形态特征：落叶乔木，高可达30 m。树皮黑褐色，细鳞片状开裂。嫩枝被微柔毛。二回羽状复叶，羽片3～5对；小叶4～7对，互生，长圆形或卵形，两端钝圆，两面均被微柔毛，具短柄；叶柄和叶轴均被微柔毛，无腺体。总状花序单生于叶腋或在枝顶排成圆锥花序；花小，白色或黄色，芳香。荚果狭长圆形，盘旋，开裂后果瓣旋卷。种子近球形至椭球形，鲜红色，有光泽。

花 果 期：花期4～7月，果期7～10月。

产地与分布：产于我国南部和东南亚各国。在我国广西主要分布于南宁、百色、梧州等市和龙州、宁明、北流等县（市）。

生态习性：喜光，稍耐阴。喜温暖湿润气候，忌冰雪。对土壤要求较高，喜土层深厚、肥沃、排水良好的砂壤土。

繁殖方法：播种繁殖、扦插繁殖。

观赏特性与应用：种子鲜红色且有光泽，甚为美丽。常作观果的园景树。

合欢 *Albizia julibrissin* Durazz.

科　　属：含羞草科合欢属。

别　　名：马缨花、绒花树。

形态特征：落叶乔木，高可达 16 m。小枝具棱角，嫩枝、花序和叶轴均被茸毛或短柔毛。托叶线状披针形，早落；二回羽状复叶，总叶柄近基部及最顶端的 1 对羽片着生处各具 1 个腺体；羽片 4～12 对；小叶 10～30 对，线形至长圆形，向上偏斜，先端具小尖头，被缘毛，有时背面或仅中脉上被短柔毛；中脉紧靠上边缘。头状花序于枝顶排成圆锥花序；花粉红色；花萼管状；花冠裂片三角形。荚果带状，嫩荚被柔毛，老荚无毛。

花　果　期：花期 6～7 月，果期 8～10 月。

产地与分布：产于我国东北至华南及西南地区。非洲、亚洲中部至东部有分布。北美洲有栽培。

生态习性：喜光，耐阴。耐低温。耐涝，不耐旱。抗风。适应酸性土，耐贫瘠。

繁殖方法：播种繁殖。

观赏特性与应用：开花如绒簇，十分可爱。常作城市的行道树、观赏树。

香合欢 *Albizia odoratissima* (L. f.) Benth.

科　　属：含羞草科合欢属。

别　　名：黑格、香须树、香茜藤。

形态特征：常绿大乔木，高可达 20 m，无刺。树皮深灰色。老枝具疏散皮孔，小枝初被柔毛。二回羽状复叶，总叶柄近基部和叶轴顶部的 1～2 对羽片间各具 1 个腺体，羽片 2～4（6）对；小叶 6～14 对，纸质，长圆形，先端钝，有时具小尖头，基部斜截形，两面稍被贴生稀疏短柔毛，无柄。头状花序排成顶生、疏散的圆锥花序，被锈色短柔毛；花无梗，淡黄色，芳香。荚果带形，嫩荚密被极短的柔毛，熟时毛变稀。种子长圆形，黄褐色。

花 果 期：花期 4～7 月，果期 6～11 月。

产地与分布：原产于福建、广东、广西、贵州、云南等省（自治区）。广西各地有分布。

生态习性：喜光，耐阴。耐低温。耐涝，不耐旱。抗风。适应酸性土。耐贫瘠。

繁殖方法：播种繁殖。

观赏特性与应用：常绿大乔木，叶浓绿，花芳香，生长迅速。是优良的园林树。

南洋楹 *Falcataria falcata* (L.) Greuter & R. Rankin

科　　属：含羞草科南洋楹属。

别　　名：仁仁树、仁人木。

形态特征：落叶大乔木，高可达45 m。树干通直。树皮灰褐色。嫩枝圆柱形或微具棱，淡绿色，被柔毛，皮孔明显。羽片6~20对；总叶柄基部及叶轴中部以上羽片着生处具腺体；小叶6~26对，无柄，菱状长圆形，先端急尖，基部钝圆或近截形。穗状花序腋生，单生或数个组成圆锥花序；花初白色，后变黄色。荚果带形，褐色，熟时开裂。种子多粒，扁球形，浅褐色。

花 果 期：花期4~7月，果期7~8月。

产地与分布：原产于马来西亚马六甲州及印度尼西亚马鲁古群岛，现广植于热带地区。我国福建、广东、广西等省（自治区）有栽培。

生态习性：喜光，不耐阴。喜高温高湿气候，不耐寒。喜肥沃的土壤。

繁殖方法：播种繁殖。

观赏特性与应用：树冠广伞形，树形美观。根系含有根瘤菌，是改良土壤和提高土壤肥力的优良树种。

银合欢 *Leucaena leucocephala* (Lam.) de Wit

科　　属：含羞草科银合欢属。

别　　名：白合欢、灰金合欢、夜合欢。

形态特征：小乔木，一般高 4～5 m。幼枝被短柔毛；老枝无毛，具褐色皮孔，无刺。托叶三角形，小，早落；二回羽状复叶，羽片 4～8 对；叶轴被柔毛，在最下面的 1 对羽片着生处具 1 个黑色腺体；小叶 5～15 对，线状长圆形，先端急尖，基部楔形，边缘被短柔毛。头状花序；花白色，外面被柔毛。荚果带形，顶端凸尖，基部具柄，纵裂。种子 6～25 粒，卵形，扁平，有光泽。

花　果　期：花期 4～7 月，果期 8～10 月。

产地与分布：原产于墨西哥，适宜在热带、亚热带地区种植。我国广西各地有栽培。

生态习性：喜温暖湿润气候。耐低温。耐旱，不耐涝。对土壤要求不高，在酸性红壤上仍能生长。

繁殖方法：播种繁殖。

观赏特性与应用：树形美观，花期满树白花如雪如絮。适作绿化围墙与花墙。

苏木科

顶果木 *Acrocarpus fraxinifolius* Wight ex Arn.

科　　属： 苏木科顶果木属。

别　　名： 格郎央、树顶豆、白椿、泡椿。

形态特征： 高大落叶乔木，高可达 50 m。树皮圆满通直，具板根；老树皮黑褐色，皮孔明显。嫩枝黄绿色。二回羽状复叶，羽片 3～8 对；小叶对生，4～9 对，近革质，边缘全缘，叶轴和羽轴均被黄褐色微柔毛，后秃净。总状花序腋生，具密集的花；花绯红色，初时直立，后下垂。荚果扁平，紫褐色，沿腹缝线具狭翅。种子 14～18 粒，淡褐色。

花 果 期： 花期 3～4 月，果期 6～7 月。

产地与分布： 我国特有种，国家三级重点保护野生植物。产于我国广西隆林、田林、德保等县和云南景东、河口等县。东南亚国家和印度也有分布。

生态习性： 喜光，稍耐阴。喜温暖气候。喜肥沃、透气性好的土壤。

繁殖方法： 播种繁殖。

观赏特性与应用： 花繁多而红艳，有较高的观赏价值。可作园景树。

红花羊蹄甲 *Bauhinia×blakeana* Dunn

科　　属：苏木科羊蹄甲属。

别　　名：紫荆、香港紫荆。

形态特征：半落叶乔木，高可达 15 m。树皮灰褐色，浅裂，皮孔明显。分枝多，小枝细长。叶片革质，圆形或阔心形，先端 2 裂为叶长的 1/4 ~ 1/3，裂片先端钝或狭圆，腹面无毛，背面疏被短柔毛；叶柄长，被褐色短柔毛。总状花序有时分枝呈圆锥花序状，红色或红紫色；花芳香，5 片花瓣轮生排列，红色或粉红色。花后不结果。

花 果 期：花期 10 月至翌年 5 月。

产地与分布：原产于亚热带地区。广西各地广泛栽培。

生态习性：喜光。喜温暖湿润气候，有一定抗寒性。喜偏酸性砂壤土。

繁殖方法：扦插繁殖为主，嫁接繁殖为次。

观赏特性与应用：花期长，花大，盛开时繁花满树，树叶常绿繁茂，颇耐烟尘。特别适合作行道树。

羊蹄甲 *Bauhinia purpurea* L.

科　　属：苏木科羊蹄甲属。

别　　名：紫花羊蹄甲、玲甲花。

形态特征：乔木，高7～10 m。树皮灰色至暗褐色，不开裂。叶片硬纸质，基部圆形或心形，先端分裂为叶长的1/3～1/2；叶柄无毛。总状花序侧生或顶生；花萼筒2裂至基部，裂片反卷；花瓣桃红色或粉红色。荚果带形，扁平，木质，略镰刀形，熟时开裂。种子近球形，扁平，种皮深褐色。

花　果　期：花期9～11月，果期翌年2～3月。

产地与分布：产于我国南部。亚热带地区广泛栽培。广西各地有栽培。

生态习性：喜阳。喜温暖湿润气候，不耐寒。喜偏酸性砂壤土。

繁殖方法：扦插繁殖、嫁接繁殖、播种繁殖、压条繁殖。

观赏特性与应用：花期长，枝叶繁茂常绿。是优良的园林绿化树。

洋紫荆 *Bauhinia variegata* L.

科　　属：苏木科羊蹄甲属。

别　　名：宫粉紫荆、宫粉羊蹄甲、红花紫荆。

形态特征：落叶乔木。树皮暗褐色，近平滑，不开裂；幼嫩部分常被灰色短柔毛，后毛脱落。枝广展，硬且稍呈"之"字形曲折，无毛。叶片近革质，广卵形至近圆形，基部浅心形至深心形，有时近截形，先端2裂达叶长的1/3，头钝或圆，两面均无毛或背面略被灰色短柔毛。总状花序侧生或顶生，被灰色短柔毛；花紫红色或淡红色；花萼管先端不开裂。荚果带形，扁平。种子近球形，扁平。

花　果　期：花期10月至翌年5月，果期翌年6~8月。

产地与分布：产于我国广东、广西、贵州西南部及云南。印度及中南半岛也有分布。

生态习性：喜光。喜温暖湿润气候，不耐寒。喜偏酸性砂壤土。

繁殖方法：扦插繁殖为主，嫁接繁殖为次。

观赏特性与应用：花美且有香味，花期长，生长快，为良好的观赏植物。是华南地区优良的园林绿化树。

腊肠树 *Cassia fistula* L.

科　　属：苏木科腊肠树属。

别　　名：猪肠豆、阿勃勒、波斯皂荚、牛角树。

形态特征：落叶乔木，高可达 22 m。幼树树皮灰色；成年树树皮暗红色，不开裂。枝细长。羽状复叶，叶轴和叶柄上无翅亦无腺体；小叶 3 ~ 4 片对生，薄革质，宽卵形、卵形或长圆形，边缘全缘，幼嫩时两面均被微柔毛，老时无毛。花瓣黄色，倒卵形，近等大。荚果圆柱形，熟时黑褐色，不开裂，具 3 条槽纹。种子 40 ~ 100 粒。

花 果 期：花期 6 ~ 8 月，果期 10 月。

产地与分布：原产于印度、缅甸和斯里兰卡。我国南部和西南部有栽培。

生态习性：喜光，稍耐阴。喜温，怕霜冻。耐干旱，亦耐水湿，但忌积水。对土壤适应性颇强。

繁殖方法：播种繁殖。

观赏特性与应用：初夏开花，满树金黄，秋日果荚长，垂如腊肠，为珍奇观赏树。多应用于园林绿化中。

粉花山扁豆 *Cassia nodosa* Buch.-Ham. ex Roxb.

科　　属：苏木科腊肠树属。

别　　名：粉花决明、爪哇决明、爪哇旃那、节果决明。

形态特征：落叶乔木，高可达 15 m。枝条下垂，具针刺；小枝纤细，薄被灰白色丝状绵毛。叶轴和叶柄薄被丝状绵毛，无腺体；小叶 6～13 对，长圆状椭圆形，近革质，先端钝圆，微凹，腹面被极稀疏短柔毛，背面疏被柔毛，边缘全缘。伞房状总状花序腋生；花瓣深黄色，长卵形，具短柄。荚果圆筒形，熟时黑褐色，具明显的环状节。

花　果　期：花期 5～7 月，果期翌年 3～4 月。

产地与分布：原产于亚洲热带地区和夏威夷群岛。我国云南、海南等省及广西南宁市、崇左市宁明县等地有栽培。

生态习性：喜光，稍耐阴。喜温暖气候，忌严寒、潮湿。

繁殖方法：播种繁殖。

观赏特性与应用：树冠如伞，花期长，花冠粉红色或粉白色，沿枝条密生成簇。适合作庭院观赏树或行道树。

凤凰木 *Delonix regia* (Boj.) Raf.

科　　属：苏木科凤凰木属。

别　　名：火凤凰、金凤花、火树、红花楹、凤凰花。

形态特征：落叶大乔木，高可达 20 m，胸径可达 1 m。树皮粗糙，灰褐色。小枝常被短柔毛并具明显的皮孔。二回偶数羽状复叶，羽片对生，15～20 对；小叶 25 对，密集对生，长圆形，边缘全缘；叶柄被短柔毛，在腹面具槽，基部膨大呈垫状。伞房状总状花序顶生或腋生，花鲜红色至橙红色。荚果带形，扁平。种子 20～40 粒，长圆形，光滑，黄色染有褐斑。

花 果 期：花期 6～7 月，果期 8～10 月。

产地与分布：原产于马达加斯加，现广植于热带地区。我国广西南部有栽培。

生态习性：喜光，稍耐阴。喜温暖，忌严寒。耐干旱，忌潮湿。耐贫瘠。

繁殖方法：播种繁殖。

观赏特性与应用：夏季开花，花大，鲜红色或橙色的花朵配合鲜绿色的羽状复叶，被誉为世上色彩最鲜艳的树木之一，常作观赏树或行道树。

格木 *Erythrophleum fordii* Oliv.

科　　属：苏木科格木属。

别　　名：赤叶柴、孤坟柴、斗登风、铁犁木。

形态特征：常绿乔木，高可达 25 m。老树树皮深褐色，稍开裂。嫩枝黄绿色，密生皮孔。幼芽被铁锈色短柔毛。羽状复叶，无毛；羽片通常 3 对，对生或近对生，每羽片具小叶 8 ～ 12 片；小叶互生，卵形或卵状椭圆形，先端渐尖，基部圆形，两侧不对称，边缘全缘，两面均无毛。穗状花序排成圆锥花序，总花梗被铁锈色柔毛；萼钟形，外面疏被柔毛，裂片长圆形，边缘密被柔毛。荚果长圆形，扁平，厚革质，具网脉。种子长圆形，扁平，种皮黑褐色。

花 果 期：花期 5 ～ 6 月，果期 8 ～ 11 月。

产地与分布：我国东南部有分布。桂南各地有分布。

生态习性：喜光。喜温暖，忌严寒和潮湿。喜深厚的酸性砂壤土或轻黏土。

繁殖方法：种子繁殖。

观赏特性与应用：国家二级重点保护野生植物，树冠苍绿荫浓，是优良的观赏树。

仪花　*Lysidice rhodostegia* **Hance**

科　　属：苏木科仪花属。

别　　名：单刀根、短萼仪花。

形态特征：乔木，高可达 20 m。树皮厚，灰白色至灰褐色。小枝褐色。芽半圆形，黑褐色。小叶 3～5 对，纸质，长椭圆形或卵状披针形，先端尾状渐尖，基部钝圆；侧脉纤细，近平行，在两面均明显。圆锥花序，花序轴疏被短柔毛；花瓣紫红色，倒宽卵形。荚果倒卵状长圆形，腹缝较长而弯拱，开裂后果瓣常呈螺旋状卷曲。种子 2～7 粒，长圆形，红褐色；种皮较薄而脆，微具皱褶，内种皮无胶质层。

花 果 期：花期 6～8 月，果期 9～11 月。

产地与分布：产于广东肇庆市高要区、茂名市、梅州市五华县，广西崇左市以及云南省。在广西主要分布于桂北和桂西地区。

生态习性：喜光。喜温暖湿润气候，耐干热。耐瘠薄。成年树对土壤要求不高。

繁殖方法：播种繁殖。

观赏特性与应用：花期长，花大且多，粉红色，观赏价值极高。是优良的园景树。

中国无忧花 *Saraca dives* Pierre

科　　属：苏木科无忧花属。

别　　名：无忧花、袈裟树、火焰花。

形态特征：常绿乔木，高可达 20 m。树皮灰褐色，纵裂。幼枝紫褐色。羽状复叶，小叶 5~6 对，嫩叶略带紫红色，下垂；小叶近革质，长椭圆形、卵状披针形或长倒卵形，先端渐尖、急尖或钝，基部楔形，基部 1 对常较小。伞房花序腋生，较大；花序轴被毛或近无毛；总苞大，宽卵形，被毛，早落；花两性或单性，黄色，后部分（萼裂片基部及花盘、雄蕊、花柱）变红色。荚果棕褐色，扁平；果瓣卷曲。种子 5~9 粒，扁平，两面中央具一浅凹槽。

花 果 期：花期 4~5 月，果期 7~10 月。

产地与分布：分布于越南、老挝。在我国广西主要分布于桂南地区。

生态习性：喜光。喜温暖，不耐寒。喜肥沃、湿润、土层深厚的土壤。

繁殖方法：播种繁殖、扦插繁殖、压条繁殖。

观赏特性与应用：树姿雄伟，花大而美丽。是良好的庭院绿化树和观赏树。

铁刀木 *Senna siamea* (Lamarck) H. S. Irwin & Barneby

科　　属：苏木科决明属。

别　　名：孟买蔷薇木、孟买黑檀、泰国山扁豆、黑心树。

形态特征：常绿乔木，高可达 20 m。树皮灰色，近平滑，稍纵裂。嫩枝具棱，疏被短柔毛。小叶对生，6～10 对，革质，长圆形或长圆状椭圆形，腹面光滑无毛，背面粉白色，边缘全缘。总状花序生于枝顶叶腋，排成伞房花序；萼片近圆形，不等大，外部的较小，内部的较大，外被细毛；花瓣黄色，阔倒卵形。荚果扁平，被柔毛，熟时带紫褐色。种子 10～20 粒。

花 果 期：花期 10～11 月，果期 12 月至翌年 1 月。

产地与分布：除云南有野生外，我国南方各地有栽培。印度、缅甸、泰国有分布。

生态习性：喜强光。耐热，耐旱，耐湿，耐瘠，耐碱，抗污染。

繁殖方法：播种繁殖。

观赏特性与应用：终年常绿，枝叶苍翠，叶茂花美，花期长。可作园景树、行道树及防护林树。

黄槐决明 *Senna surattensis* (N. L. Burman) H. S. Irwin & Barneby

科　　属：苏木科决明属。

形态特征：小乔木，高 5 ~ 10 m。树皮颇平滑，灰褐色，不开裂。分枝多，小枝具肋条；嫩枝、叶轴、叶柄、花序均被微柔毛。羽状复叶；小叶 7 ~ 9 对，长椭圆形或卵形，边缘全缘，背面粉白色，被疏散、紧贴的长柔毛；小叶柄被柔毛，叶轴及叶柄扁四方形。总状花序生于枝条上部叶腋；花瓣鲜黄色至深黄色，卵形至倒卵形。荚果扁平，带形，开裂，顶端具细长的喙，果颈长约 5 mm，果柄明显。种子 10 ~ 12 粒，有光泽。

花 果 期：花果期几乎全年。

产地与分布：原产于亚洲南部和澳大利亚，世界各地有栽培。我国广西各地有栽培。

生态习性：喜光，不耐阴。喜高温。耐瘠薄。较耐干旱，畏涝。

繁殖方法：播种繁殖、扦插繁殖、根插繁殖。

观赏特性与应用：树冠优美，花色艳丽，开花时满树黄花，几乎全年均可开花。在华南地区常作行道树。

蝶形花科

降香黄檀 *Dalbergia odorifera* T. Chen

科　　属：蝶形花科黄檀属。

别　　名：黄花梨、花梨木、降香。

形态特征：半落叶乔木，高可达 20 m。主干多不通直。树皮浅灰黄色，粗糙。小枝具小而密集的皮孔。羽状复叶；小叶（3）4～6 对，卵形或椭圆形，先端急尖或钝，基部圆形或宽楔形，两面均无毛。圆锥花序腋生，由多数聚伞花序组成；苞片近三角形；花冠乳白色或淡黄色。荚果舌状长圆形，果瓣革质，有种子部分明显突起呈棋子状，网纹不明显。种子 1 粒，稀 2 粒，肾形。

花果期：3～4 月花与叶同时抽出，10～12 月果陆续成熟。

产地与分布：原产于海南。广西南部有栽培。

生态习性：喜光。喜高温，能耐短时间轻度低温。对土壤要求不高。

繁殖方法：播种繁殖。

观赏特性与应用：既可绿化，又可材用，一树多能，具双重效益。在广东、广西、福建等地常作绿化树。

鸡冠刺桐 *Erythrina crista-galli* L.

科　　属： 蝶形花科刺桐属。

别　　名： 鸡冠豆、巴西刺桐、象牙红。

形态特征： 落叶小乔木。茎和叶柄稍具皮刺。羽状复叶具 3 片小叶；小叶长卵形或披针状长椭圆形，先端钝，基部近圆形。花叶同放，总状花序顶生，每节具花 1 ~ 3 朵；花深红色，稍下垂或与花序轴成直角。荚果褐色，种子间缢缩。种子大，亮褐色。

花　果　期： 花期 4 ~ 7 月。

产地与分布： 原产于美洲热带地区。我国广西南宁、崇左、百色等市有引种栽培。

生态习性： 喜光，轻度耐阴。喜高温，抗寒性强。对土壤要求不高，耐旱且耐贫瘠，耐盐碱，但不耐涝。

繁殖方法： 扦插繁殖、播种繁殖。

观赏特性与应用： 适应性强，姿态优美，花繁叶茂，花形特别，旗瓣硕大且色泽艳丽，花期很长。适种于庭院观赏，也用于道路中央绿化。

刺桐 *Erythrina variegata* L.

科　　属： 蝶形花科刺桐属。

别　　名： 山芙蓉、海桐皮、鸡公树。

形态特征： 落叶大乔木，高可达 20 m。树皮灰褐色。枝具明显的叶痕及短圆锥形黑色直刺；髓部疏松，部分成空腔。羽状复叶具 3 片小叶，常密集于枝顶；小叶宽卵形或菱状卵形，长 15 ～ 20 cm，先端渐尖或钝，基部宽楔形或平截，两面均无毛。总状花序顶生，具密集、成对着生的花；总花梗木质，粗壮；花冠红色。荚果圆柱形，微弯曲，种子间略缢缩。种子 1 ～ 8 粒，肾形，暗红色。

花 果 期： 花期 1 ～ 4 月，果期 9 月（在广西栽培很少见果）。

产地与分布： 原产于亚热带地区。广西各地有零星栽培。

生态习性： 喜强光，稍耐阴。抗风性弱。不耐寒。对土壤要求不高。

繁殖方法： 播种繁殖、扦插繁殖、高空压条繁殖。

观赏特性与应用： 花美丽。可种于公园、道路、风景区作观赏树。

海南红豆 *Ormosia pinnata* (Lour.) Merr.

科　　属：蝶形花科红豆属。

别　　名：万年青、食虫树、鸭公青、羽叶红豆、大萼红豆。

形态特征：常绿乔木，高可达 25 m。树皮灰色，木质部具黏液。幼枝被淡褐色短柔毛，后毛渐脱落。羽状复叶；小叶 7 ~ 9 片，披针形，先端钝或渐尖，薄革质，两面均无毛，侧脉 5 ~ 8 对。圆锥花序顶生，花冠粉红色而带黄白色。荚果圆柱形或稍扁，果瓣厚木质，熟时橙红色，干时褐色，光滑无毛，种子间缢缩；种子 1 ~ 4 粒，椭球形；种皮红色；种脐长不足 1 mm，位于短轴一端。

花 果 期：花期 7 ~ 8 月，果期 11 ~ 12 月。

产地与分布：原产于广西南部、广东西南部、海南。

生态习性：喜光。喜温暖湿润气候。对土壤适应性很强。

繁殖方法：播种繁殖。

观赏特性与应用：树冠整齐圆滑，叶嫩色美，果实珍奇，种子鲜红欲滴，非常引人注目。可作中心树或与质地轻逸的树种搭配种植。

金缕梅科

马蹄荷 *Exbucklandia populnea* (R. Br.) R. W. Brown

科　　属： 金缕梅科马蹄荷属。

别　　名： 合掌木、解阳树、白克木。

形态特征： 乔木，高可达 20 m。小枝被短柔毛，节膨大。叶互生；叶片革质，阔卵圆形，边缘全缘或掌状 3 浅裂。头状花序单生或数枝排成总状花序。头状果序具蒴果 8 ~ 12 个；蒴果椭球形，上半部 2 片开裂，果皮光滑。种子数粒，具窄翅。

花　果　期： 花期 4 ~ 8 月，果期 10 ~ 11 月。

产地与分布： 分布于我国西藏、云南、贵州的山地。缅甸、泰国及印度也有分布。我国广西各地有分布。

生态习性： 喜光，稍耐阴。喜温暖湿润气候。喜土层深厚、排水良好、微酸性的红黄壤，对中性土也能适应。具有耐旱、耐瘠薄、防风耐压、耐火性好的特点。

繁殖方法： 播种繁殖。

观赏特性与应用： 是优良的用材树，树冠浓密，树形优美。可作行道树。

枫香树 *Liquidambar formosana* Hance

科　　属：金缕梅科枫香树属。

别　　名：路路通、山枫香树、枫香。

形态特征：落叶乔木，高可达 30 m。树皮灰褐色，方块状剥落。小枝干后灰色，被柔毛。叶片薄革质，阔卵形，掌状 3 裂，中央裂片较长，先端尾状渐尖，边缘具齿；叶柄长可达 11 cm，常被短柔毛；托叶线形。雄性短穗状花序常多个排成总状；雌性头状花序具花 24～43 朵，花序柄长 3～6 cm。头状果序球形，木质；蒴果下半部藏于花序轴内。种子多数，褐色，多角形或具窄翅。

花 果 期：花期 3～4 月，果期 10 月。

产地与分布：原产于秦岭及淮河以南地区。广西各地有分布。

生态习性：喜光，幼树稍耐阴。喜温暖湿润气候。耐干旱，不耐涝。

繁殖方法：播种繁殖。

观赏特性与应用：秋叶多红艳，可与常绿树丛配合种植。具有较强的耐火性且对有毒气体有抗性，可用于厂矿区、公园等处绿化。

壳菜果 *Mytilaria laosensis* Lec.

科　　属： 金缕梅科壳菜果属。

别　　名： 米老排、朔潘。

形态特征： 常绿乔木，高可达 30 m。小枝粗壮，无毛，节膨大，具环状托叶痕。叶片革质，阔卵圆形、边缘全缘，幼叶先端 3 浅裂。肉穗花序顶生或腋生，黄褐色。蒴果卵球形，突出果序轴外，上部室间开裂，每片 2 浅裂；外果皮松脆，稍肉质；内果皮木质或软骨质，比外果皮薄，褐色，有光泽。种子椭球形，无翅，种脐白色。

花　果　期： 花期 3～4 月，果期在霜降前后。

产地与分布： 原产于我国云南东南部、广西西部及广东西部。老挝及越南北部也有分布。

生态习性： 弱阳性树种，幼龄期耐阴。喜温，有一定抗寒性。可生于酸性砂壤土至轻黏土上，在钙质土上不能生长。

繁殖方法： 播种繁殖。

观赏特性与应用： 树形优美，在桂南地区常作观赏树。

小花红花荷 *Rhodoleia parvipetala* Tong

科　　属：金缕梅科红花荷属。

别　　名：红苞木。

形态特征：常绿乔木，高可超过 20 m。树干直。小枝无毛。叶片革质，长椭圆形，边缘全缘，先端尖，基部楔形，基出脉 3 条，侧脉不明显。头状花序；总苞片 5 ~ 7 枚，卵圆形，无小苞片；花瓣 2 ~ 4 片，匙形。蒴果 5 个，卵球形，顶端开裂为 4 瓣。种子多数。

花 果 期：花期 4 月，果期 10 ~ 11 月。

产地与分布：分布于云南东南部、贵州东南部、广西。在广西分布于金秀、象州、融水等县和十万大山。

生态习性：中性偏阳树种，幼树耐阴，成年后较喜光。适生于花岗岩、砂页岩发育成的红黄壤与红壤（酸性至微酸性土）。耐干旱、贫瘠。

繁殖方法：播种繁殖。

观赏特性与应用：树干高而挺直，枝条扩展，分枝较多，花玫红色。可作观赏树。

杨柳科

垂柳 *Salix babylonica* L.

科　　属：杨柳科柳属。

别　　名：水柳、垂丝柳、清明柳。

形态特征：乔木，高 12～18 m。树冠开展而疏散。树皮灰黑色，不规则开裂。枝细而下垂，淡黄褐色、淡褐色或带紫色。叶片狭披针形或线状披针形，腹面绿色，背面色较淡，边缘具齿。花先叶开放，或花叶同放。蒴果带绿黄褐色。

花　果　期：花期 3～4 月，果期 4～5 月。

产地与分布：原产于长江流域与黄河流域。广西各地有栽培。

生态习性：喜光。喜温暖湿润气候，较耐寒。喜潮湿、深厚的酸性及中性土，亦能生于土层深厚的干燥地区。

繁殖方法：插条繁殖。

观赏特性与应用：树形优美，小枝细长且下垂，耐水湿。是道旁、水边常用的观赏树。

木麻黄科

细枝木麻黄 *Casuarina cunninghamiana* Miquel

科　　属：木麻黄科木麻黄属。

别　　名：银线木麻黄、肯氏木麻黄。

形态特征：常绿乔木，高可达 25 m。树干通直，树冠尖塔形。树皮灰色，稍平滑，小块剥裂或浅纵裂；内皮淡红色。枝暗褐色，近顶端常具与叶贴生的白色线纹；小枝密集，暗绿色，纤细，稍下垂，每节具狭披针形、紧贴的鳞片状叶 8～10 片。花雌雄异株；雄穗状花序生于小枝顶端，雌花序生于侧生的短枝顶。球果状果序小，具短柄，椭球形或近球形，两端平截。

花　果　期：花期 4 月，果期 6～9 月。

产地与分布：原产于澳大利亚。我国南方沿海地区有栽培。

生态习性：喜光。喜温，耐低温。耐干旱、瘠薄，耐盐碱。

繁殖方法：播种繁殖、扦插繁殖。

观赏特性与应用：树形美观，被广泛用于海边贫瘠地、干旱地和盐碱地造林，也常作行道树或观赏树。

木麻黄 *Casuarina equisetifolia* L.

科　　属：木麻黄科木麻黄属。

别　　名：马毛树、短枝木麻黄、驳骨树。

形态特征：常绿乔木，高可达40 m。老树树皮暗褐色，内皮深红色。小枝绿色，嫩枝带红褐色，少量柔软下垂，具7～8条纵沟及棱；节间短，节易折断；鳞片每轮（6）7（8）片，淡绿色，近透明，披针形或三角形，紧贴小枝。花雌雄同株或异株；雄花序棒状圆柱形，雌花序通常顶生于近枝顶的侧生短枝上。球果状果序椭球形，两端近平截或钝，宽卵形，背部无棱脊；小坚果灰褐色。

花果期：花期4～5月，果期7～10月。

产地与分布：原产于澳大利亚和太平洋岛屿。我国沿海地区普遍栽培。

生态习性：强阳性。喜高温高湿气候，不耐寒。耐干旱、贫瘠，抗盐渍，耐潮湿。

繁殖方法：播种繁殖、扦插繁殖。

观赏特性与应用：树冠塔形，姿态优雅。常作行道树，是南方滨海防风固林的优良树种。

榆 科

糙叶树 *Aphananthe aspera* (Thunb.) Planch.

科　　属：榆科糙叶树属。

别　　名：白鸡油、牛筋树、粗叶树。

形态特征：落叶乔木，高可达 25 m。树皮具灰色斑纹，纵裂，粗糙。老枝灰褐色；皮孔明显，圆形。叶片纸质，卵形或卵状椭圆形，边缘具尾状尖齿，基出脉 3 条，侧生的 1 对直伸达叶中部边缘，背面疏生细伏毛，腹面被刚伏毛，粗糙；叶柄长，被细伏毛；托叶膜质。雄花为聚伞花序，生于新枝下部叶腋；雌花单生于新枝上部叶腋。核果近球形，无翅，熟时黑色，被细伏毛，具宿存的花被和柱头。

花 果 期：花期 3~5 月，果期 8~10 月。

产地与分布：除东北、西北地区外，我国其他各地有分布。

生态习性：喜光，也耐阴。喜温暖。对土壤要求不高，但不耐干旱、瘠薄。抗烟尘和有毒气体。

繁殖方法：播种繁殖。

观赏特性与应用：树冠宽广，树干挺拔，枝叶茂密。是良好的绿化树。

紫弹树 *Celtis biondii* Pamp.

科　　属：榆科朴属。

别　　名：异叶紫弹树、黑弹朴、紫弹朴。

形态特征：落叶小乔木至乔木，高可达 18 m。当年生小枝幼时黄褐色，密被短柔毛，后毛渐脱落，具散生皮孔。冬芽黑褐色，芽鳞被柔毛，内部鳞片的毛长而密。叶片薄革质，边缘稍反卷，中上部疏生浅齿，腹面脉纹多凹陷。果序单生于叶腋，通常具 2 个果（少有 1 个或 3 个果）；总梗极短，很像果梗双生于叶腋，被糙毛；核果无翅，近球形；果核两侧稍压扁，具 4 条肋，表面明显网孔状。

花　果　期：花期 4～5 月，果期 9～10 月。

产地与分布：分布于陕西、甘肃及长江以南地区、西南地区。

生态习性：喜光，略耐阴。耐热，耐寒。耐旱，耐水湿，耐盐碱。

繁殖方法：播种繁殖。

观赏特性与应用：重要的乡土树种。春夏季荫浓，冬季落叶后尽展生命的劲力，而初春时的嫩叶则具有明亮色彩，为园林建设中极具潜力的优良绿化树。

朴树　*Celtis sinensis* Pers.

科　　属：榆科朴属。

别　　名：青朴、朴仔树、朴榆。

形态特征：落叶乔木，高可达 20 m。当年生枝密被柔毛。冬芽鳞片无毛。叶片革质，卵形或卵状椭圆形，边缘近全缘或中上部具圆齿。花杂性（两性花和单性花同株），1～3 朵生于当年枝的叶腋。果单生于叶腋，近球形，熟时黄色或橙黄色；果核近球形，具肋及蜂窝状网纹。

花　果　期：花期 3～4 月，果期 9～10 月。

产地与分布：产于山东、贵州、河南以南至四川的大片区域。广西各地有分布。

生态习性：喜光，稍耐阴。喜温暖气候，耐寒。喜肥沃、湿润、深厚的中性土，耐轻度盐碱。

繁殖方法：播种繁殖。

观赏特性与应用：叶小，枝细，干奇。常作盆景，也常作园景树。

假玉桂 *Celtis timorensis* Span.

科　　属：榆科朴属。

别　　名：香胶木、香胶叶、樟叶朴。

形态特征：常绿乔木，高可达 20 m。枝、叶幼时被金褐色短毛，老时毛近脱净。叶片革质，基部宽楔形至近圆形，稍不对称，边缘近全缘至中部以上具浅钝齿。小聚伞圆锥花序具 10 朵花，小枝下部的花序全生雄花，小枝上部的花序为杂性。聚伞圆锥果序通常具 3～6 个果；核果无翅，先端残留花柱基部而成短喙状；果核椭圆状球形，4 条肋较明显，表面具网孔状凹陷。

花　果　期：果期 9～10 月。

产地与分布：产于我国南部。广西各地有分布。

生态习性：喜光。喜温暖，不耐寒。喜疏松、肥沃的土壤。

繁殖方法：播种繁殖。

观赏特性与应用：常绿高大乔木，在我国南方可作绿化树。

桑　科

木波罗　*Artocarpus heterophyllus* **Lam.**

科　　属：桑科波罗蜜属。

别　　名：波罗蜜、牛肚子果、树波罗。

形态特征：常绿乔木，高 10～20 m。树皮厚，黑褐色。叶螺旋状排列；叶片革质，椭圆形或倒卵形，边缘全缘，中脉在背面明显突起。雌雄同株，花序生于老茎或短枝上；花多数，有些花不发育。聚花果椭球形至球形或形状不规则，幼时浅黄色，熟时黄褐色，表面具坚硬六角形瘤状突起和粗毛；核果长椭球形。

花 果 期：花期 2～3 月，果期 7～9 月。

产地与分布：原产于印度。我国广西南部有栽培。

生态习性：喜光。喜湿润气候，稍耐旱。喜土层深厚、肥沃、湿润的酸性土，黏质或砂质均可。

繁殖方法：播种繁殖。

观赏与应用：树冠圆阔，枝叶浓密，宜作公园、生活小区的园景树、行道树和庭荫树。

桂木 *Artocarpus parvus* **Gagnep.**

科　　属：桑科波罗蜜属。

别　　名：大叶胭脂、胭脂树、红桂木。

形态特征：乔木，高可达 17 m。树皮黑褐色，纵裂。叶互生；叶片革质，长圆状椭圆形至倒卵状椭圆形，先端短尖或具短尾，基部楔形或近圆形，边缘全缘或具不规则浅疏齿，腹面深绿色，背面淡绿色，两面均无毛。雄花序头状，倒卵圆形至长圆形，雄花花被片 2～4 裂，基部联合，雄蕊 1 枚；雌花序近头状，雌花花被管状，花柱伸出苞片外。聚花果近球形，表面粗糙，被毛，熟时红色。

花 果 期：花期 4～5 月，果期 7～9 月。

产地与分布：原产于广东、广西、海南、云南。在广西主要分布于梧州市和容县、博白等县。

生态习性：喜光。喜高温多湿气候，不耐寒。对土壤适应性强。

繁殖方法：播种繁殖。

观赏特性与应用：成熟聚合果可食用。木材坚硬，纹理细密，可作建筑、家具等用材。可药用，具有活血通络、清热开胃、收敛止血的功效。

高山榕 *Ficus altissima* Bl.

科　　属：桑科榕属。

别　　名：鸡榕、大叶榕、大青树、万年青。

形态特征：大乔木，高 25～30 m。树皮灰色，平滑。叶片厚革质，广卵形至广卵状椭圆形，先端钝，急尖，基部宽楔形，边缘全缘，两面均光滑，基生侧脉延长。基生苞片短宽而钝，脱落后环状；雄花散生于榕果内壁，花被片 4 片，膜质，透明，雄蕊 1 枚，花柱近顶生，较长；雌花无柄，花被片与瘿花同数。榕果成对腋生，椭圆状卵球形，顶部具脐状突起；瘦果表面具瘤状突体，花柱延长。

花 果 期：花期 3～4 月，果期 5～7 月。

产地与分布：原产于我国南部。在广西主要分布于百色、防城港等市和扶绥、宁明、龙州、大新等县。

生态习性：喜光。喜高温多湿气候，耐干旱、瘠薄，对土壤适应性较强，抗风性强，根系的穿透力极强。是沿海地区和石灰岩山地的重要生态树种。

繁殖方法：扦插繁殖。

观赏特性与应用：树形壮观，枝叶繁茂，树冠宽阔。宜作庭荫树和园景树，是制作盆景的优良树种。

花叶高山榕 *Ficus altissima* 'Variegata'

科　　属：桑科榕属。

别　　名：富贵榕、斑叶高山榕。

形态特征：常绿乔木，高可达 30 m。枝干易生气生根，具白色乳液。叶片椭圆形，先端尖，边缘全缘，厚革质，散布淡黄色斑块，远看似花。

花 果 期：花期 3～4 月，果期 5～7 月。

产地与分布：原产于印度和马来西亚等国。我国广西、广东等省（自治区）有引种栽培。

生态习性：喜高温多湿气候，生长适温为 25～30℃，越冬气温不能低于 5℃，否则生长缓慢。

繁殖方法：扦插繁殖、嫁接繁殖。

观赏特性与应用：孤植或丛植于公园、庭院、生活小区和公路的两侧，也可作室内盆栽。

垂叶榕 *Ficus benjamina* L.

科　　属： 桑科榕属。

别　　名： 小叶垂榕、吊丝榕、细叶榕、小叶榕、垂枝榕、白榕。

形态特征： 常绿大乔木，高可达 20 m。树皮灰色，平滑。叶片薄革质，卵形至卵状椭圆形，先端短渐尖，基部圆形或楔形，边缘全缘，两面均光滑无毛；叶柄腹面具沟槽；托叶披针形。花柱近侧生，柱头膨大。榕果成对或单生于叶腋，基部缢缩成柄，球形或扁球形，光滑；瘦果卵状肾形，短于花柱。

花 果 期： 花期 5～7 月，果期 8～10 月。

产地与分布： 原产于广东、海南、云南、贵州。在广西主要分布于南宁、北海等市和平南县。

生态习性： 喜光。喜高温湿润气候。抗寒性较强，可耐短暂 0℃低温。耐湿，耐瘠薄，耐修剪，抗风、抗大气污染能力强。

繁殖方法： 扦插繁殖、压条繁殖。

观赏特性与应用： 观赏价值颇高，宜作庭荫树、行道树、园景树和绿篱。

柳叶榕 *Ficus celebensis* Corner

科　　属：桑科榕属。

别　　名：夹竹桃叶榕、长叶榕、垂叶榕。

形态特征：常绿大乔木，高约 30 m。具气生根，皮孔明显。枝浓密，小枝微下垂。叶片较小，披针形，先端尖，薄革质。果球形，熟后黑色。

花 果 期：花果期 4~8 月。

产地与分布：产于亚洲热带、亚热带地区。我国广东、广西、海南、云南等省（自治区）有分布和栽培。

生态习性：喜光，耐半阴。喜温暖湿润气候，较耐寒，可耐短期 0℃低温。耐水湿。适应性强，能适应多种土壤。

繁殖方法：播种繁殖、扦插繁殖。

观赏特性与应用：树形优美，叶形独特。宜作行道树、园景树和庭荫树，还可密植作绿篱。

雅榕 *Ficus concinna* Miq.

科　　属：桑科榕属。

别　　名：无柄小叶榕、万年青、小叶榕、近无柄雅榕。

形态特征：乔木，高 15～20 m。树皮深灰色，具皮孔。小枝粗壮，无毛。叶片狭椭圆形，边缘全缘，先端短尖至渐尖，基部楔形，两面均光滑无毛，干后灰绿色，基生侧脉短，侧脉 4～8 对，小脉在腹面明显；叶柄短；托叶披针形，无毛。雄花、瘿花、雌花同生于榕果内壁。榕果成对腋生或簇生于无叶小枝的叶腋，球形。

花 果 期：花果期 3～6 月。

产地与分布：产于广西、云南、广东、贵州。在广西主产区为龙州。

繁殖方法：播种繁殖、扦插繁殖。

观赏特性与应用：果扁球形，果色多样，以红色居多，适宜作盆景提根栽培。根、叶、果均可药用，具有祛风除湿、行气活血的功效，可用于治疗胃痛、阴挺、跌打损伤。

印度榕 *Ficus elastica* Roxb. ex Hornem.

科　　属： 桑科榕属。

别　　名： 橡胶榕、橡皮树、印度胶树、印度橡胶树、橡皮榕。

形态特征： 乔木，高 20～30 m。树皮灰白色，平滑。小枝粗壮。叶片厚革质，长圆形至椭圆形，先端急尖，基部宽楔形，边缘全缘，腹面深绿色，有光泽，背面浅绿色；托叶膜质，深红色，脱落后具明显的环状疤痕。基生苞片风帽状，脱落后基部具环状痕迹。雄花、瘿花、雌花同生于榕果内壁，雄花具柄，雌花无柄。榕果成对生于已落叶枝的叶腋，卵状长椭球形，黄绿色；瘦果卵球形，表面具小瘤体。

花 果 期： 花期冬季。

产地与分布： 原产于不丹、尼泊尔、印度东北部、缅甸、马来西亚、印度尼西亚。我国广西柳州、梧州、南宁、北海等市和博白、龙州、凭祥等县（市）有零星引种栽培。

生态习性： 喜高温湿润、阳光充足的环境，亦耐阴。不耐寒，冬季气温低于5℃时易受冻害。耐干旱、瘠薄，耐碱性和微酸性土，在黏土上生长不良。

繁殖方法： 扦插繁殖、压条繁殖。

观赏特性与应用： 冠幅广阔，枝叶茂密，观赏价值高，是优美的绿荫树。宜作行道树、园景树和庭荫树，可作盆栽观赏。

榕树 *Ficus microcarpa* L. f.

科　　属：桑科榕属。

别　　名：小叶榕、细叶榕、赤榕、红榕、万年青。

形态特征：大乔木，高 15～25 m。老树常具锈褐色气生根。树皮深灰色。叶片薄革质，狭椭圆形，先端钝尖，基部楔形，腹面深绿色，干后深褐色，有光泽，边缘全缘，基生叶脉延长。雄花、雌花、瘿花同生于榕果内壁，雄花无柄或具柄，雌花与瘿花相似。榕果成对腋生或生于已落叶枝的叶腋，熟时黄色或微红色，扁球形，无总梗；瘦果卵球形。

花 果 期：花期 5～7 月，果期 8～9 月。

产地与分布：产于台湾、浙江、福建、广东、广西、湖北、贵州、云南等省（自治区）。广西各地有分布。

生态习性：喜湿润气候。对光照适应性强，耐水湿，也较耐干旱。对土壤肥力的要求较高，在石砾地及干燥贫瘠地生长不良。

繁殖方法：扦插繁殖、播种繁殖。

观赏特性与应用：四季常绿，遮阴效果好，观赏价值高，是良好的庭院树及行道树。

菩提树 *Ficus religiosa* L.

科　　属：桑科榕属。

别　　名：思维树、菩提榕、觉树、沙罗双树、阿摩洛珈、阿里多罗、印度菩提树、黄桷树、毕钵罗树。

形态特征：大乔木，高 15～25 m，幼时附生于其他树上。树皮灰色，平滑或微具纵纹。叶片革质，三角状卵形，先端骤尖，顶部延伸为尾状，基部宽截形至浅心形，边缘全缘或波状；叶柄纤细，具关节，与叶片等长或长于叶片。雄花、瘿花、雌花同生于榕果内壁。榕果球形至扁球形，熟时红色。

花 果 期：花期 3～4 月，果期 5～6 月。

产地与分布：原产于印度、巴基斯坦、缅甸、泰国。我国广西南部有栽培。

生态习性：喜光。喜高温高湿气候，不耐霜冻。抗污染能力强，对土壤要求不高。

繁殖方法：播种繁殖、扦插繁殖。

观赏特性与应用：树形高大，枝叶繁茂，冠幅宽广，冠形多样，可作庭荫树和园景树。

斜叶榕 *Ficus tinctoria* subsp. *gibbosa* (Bl.) Corner

科　　属：桑科榕属。

别　　名：变异斜叶榕、水榕。

形态特征：乔木，高可达 20 m。叶螺旋状排列；叶片近革质，斜菱状椭圆形或倒卵状椭圆形，先端急尖或短渐尖，基部偏斜，楔形，光滑或微被毛，边缘全缘或中部以上偶生粗齿。隐头花序单生、成对或伞状腋生，球形；雌花、雄花花被片白色，被毛。

花 果 期：花果期 6～7 月。

产地与分布：产于台湾、海南、广西、贵州、云南、西藏东南部、福建。广西各地有栽培。

生态习性：喜光，稍耐阴。喜温暖湿润气候。

繁殖方法：播种繁殖、扦插繁殖。

观赏特性与应用：散孔材，密度小，黄褐色，纹理斜，结构粗，干燥后不翘裂，不耐腐，适用于制作一般家具、农具。叶可药用，具有祛痰止咳、活血通络的功效，可用于治疗咳嗽、风湿痹痛、跌打损伤。

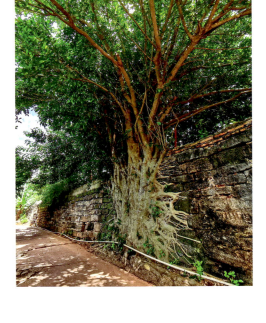

黄葛树 *Ficus virens* Aiton

科　　属： 桑科榕属。

别　　名： 绿黄葛树、大叶榕、黄葛榕。

形态特征： 落叶大乔木，高 15 ~ 20 m。具板根和支柱根。叶片薄革质，卵状披针形至椭圆状卵形，先端短渐尖，基部钝圆或楔形至浅心形，边缘全缘。榕果单生、成对腋生或簇生于已落叶枝的叶腋，球形，熟时紫红色。

花 果 期： 花期 4 月，果期 5 ~ 6 月。

产地与分布： 产于我国西南及华南地区。广西各地有栽培。

生态习性： 喜光。耐旱，耐瘠薄。

繁殖方法： 播种繁殖、扦插繁殖、压条繁殖。

观赏特性与应用： 树冠秀丽，宜作庭荫树、行道树和园景树。木材可用于制作一般家具、农具。根、叶具有祛风活血、接骨的功效，可用于治疗风湿痹痛、半身不遂等。

冬青科

科　　属：冬青科冬青属。

别　　名：苦丁茶。

形态特征：常绿乔木，高可达 8 m。小枝被微柔毛。顶芽大，圆锥形，急尖，被短柔毛，芽鳞边缘具细齿。叶片革质，长圆形或长圆状椭圆形，先端尖或短渐尖，基部楔形，边缘具重齿或粗齿，侧脉 14～15 对；叶柄被微柔毛。雄花序为聚伞状圆锥花序或假总状花序，生于当年生枝的叶腋；花 4 基数，花瓣卵状长圆形。果序假总状，被柔毛或脱落无毛；果球形，熟时红色；宿存柱头脐状。

花 果 期：花期 5～6 月，果期 9～10 月。

产地与分布：分布于广西、广东、湖北、湖南、海南、四川、云南。

生态习性：喜温，喜湿，喜阳，怕涝。

繁殖方法：播种繁殖、扦插繁殖。

观赏特性与应用：树形优美，常年翠绿。可用于观形、观果、观叶，具有一定的观赏价值。

大叶冬青 *Ilex latifolia* Thunb.

科　　属：冬青科冬青属。

别　　名：苦丁茶、宽叶冬青、大苦酊、波罗树。

形态特征：常绿大乔木，高可达20 m。全株无毛。树皮灰黑色。分枝粗壮且光滑。叶片厚革质，长圆形或卵状长圆形，先端钝或短渐尖，基部圆形或阔楔形，边缘具黑色疏齿，腹面有光泽。聚伞花序组成假圆锥花序生于去年生枝的叶腋；花4基数，淡黄绿色。果球形，熟时红色；宿存柱头薄盘状，基部宿存花萼盘状，伸展；外果皮厚，光滑。

花 果 期：花期4月，果期9～10月。

产地与分布：分布于我国长江流域以南各地。日本也有分布。

生态习性：喜温暖气候，稍耐寒。适种于酸性至中性的砂壤土上。

繁殖方法：播种繁殖。

观赏特性与应用：树形紧密，树姿优美，萌芽力强，耐修剪，抗性强。是优良的园林绿化树与药用植物。

铁冬青 *Ilex rotunda* **Thunb.**

科　　属：冬青科冬青属。

别　　名：救必应、红果冬青、熊胆木。

形态特征：常绿乔木，高可达 20 m。树皮灰色或灰黑色。叶仅见于当年生枝上；叶片薄革质或纸质、卵形、倒卵形或椭圆形，先端短渐尖，基部楔形或钝，主脉在腹面凹陷，在背面隆起，侧脉 6～9 对，在两面均明显。聚伞花序或伞形花序单生于当年生枝的叶腋；花白色；雄花花萼盘状，被微柔毛，4 浅裂；雌花花萼浅杯状，无毛，5 浅裂；花冠辐状，基部稍合生。果近球形或稀椭球形，熟时红色；宿存花萼平展。

花 果 期：花期 4 月，果期 8～12 月。

产地与分布：分布于我国长江流域以南各地。朝鲜、日本、越南也有分布。

生态习性：喜光。喜温暖湿润气候，耐寒。对土壤要求不高。

繁殖方法：播种繁殖。

观赏特性与应用：四季常绿，红果满枝。可种于景区、庭院或制成盆景，有较高的观赏价值与药用价值。

鼠李科

枳椇 *Hovenia acerba* Lindl.

科　　属：鼠李科枳椇属。

别　　名：拐枣、南枳椇、万字果、鸡爪子、木室、龙枣、长寿果。

形态特征：落叶乔木，高可达 25 m。小枝被棕褐色短柔毛或无毛。单叶互生；叶片厚纸质至纸质，宽卵形、椭圆状卵形或心形，先端渐尖或宽楔形，基部截形或心形，边缘具钝细齿。二歧聚伞圆锥花序顶生或腋生；花瓣椭圆状匙形，具短爪。果梗肥厚扭曲；浆果状核果近球形，无毛，肉质，黄褐色或棕褐色。

花 果 期：花期 5 ~ 7 月，果期 8 ~ 10 月。

产地与分布：产于印度、尼泊尔、不丹、缅甸以及我国黄河以南地区。我国广西各地有分布。

生态习性：喜光。耐寒。喜湿怕旱。对土壤要求不高，以土层深厚、湿润、排水良好的砂壤土为佳。

繁殖方法：播种繁殖。

观赏特性与应用：树姿美观，果大而奇特，集材用、食用、药用、观赏于一体。适种于林缘、池畔、广场、草坪、花坛中心、庭院和建筑四旁作绿化树。

芸香科

柠檬 *Citrus* × *limon* (Linnaeus) Osbeck

科　　属：芸香科柑橘属。

别　　名：西柠檬、洋柠檬。

形态特征：常绿小乔木。枝少刺或近无刺。嫩叶及花芽暗紫红色。叶片厚纸质，卵形或椭圆形，先端短尖，边缘具钝齿。单花腋生或少花簇生；花瓣外面淡紫色，内面白色。果椭球形，顶部狭长并具乳头状突尖。种子多数，卵形。

花 果 期：花期4~5月，果期9~11月。

产地与分布：原产于我国华南、西南地区及印度东北部。我国广西各地有分布。

生态习性：喜温暖湿润气候，不耐寒。对土壤要求不高，在酸性土或石山上均可生长。

繁殖方法：播种繁殖、压条繁殖、嫁接繁殖。

观赏特性与应用：四季绿树成荫；果形美观，熟时亮黄色，引人垂涎。是优良的观叶、观果树，多种于庭院、生活小区等处作风景树。

柚 *Citrus maxima* (Burm.) Merr.

科　　属：芸香科柑橘属。

别　　名：文旦柚、大麦柑、橙子。

形态特征：常绿乔木，高可达 10 m。嫩枝、叶片背面、花梗、花萼及子房均被柔毛。嫩叶暗紫红色；嫩枝扁且具棱。叶色浓绿，阔卵形或椭圆形，先端钝或圆，有时短尖，基部圆形，翼叶三角状倒心形。总状花序，花萼不规则 3 ~ 5 浅裂。果球形、扁球形、梨形或阔圆锥形，淡黄色或黄绿色。种子多数，形状不规则，具明显的纵肋棱。

花　果　期：花期 4 ~ 5 月，果期 9 ~ 12 月。

产地与分布：原产于长江以南各地。广西各地有分布，贺州市和平乐、恭城、阳朔、藤县、容县、融水、三江、宜州、罗城等县（区）为主产区。

生态习性：喜光。喜湿润、有机质丰富、保水性良好的肥沃土壤。

繁殖方法：播种繁殖、嫁接繁殖、高空压条繁殖。

观赏特性与应用：四季常绿，树高叶大，可观叶、观果。是集生态价值、观赏价值和经济价值于一体的树种，适种于生活小区、庭院或公园等处。

细叶黄皮 *Clausena anisum-olens* (Blanco) Merr.

科　　属：芸香科黄皮属。

别　　名：小叶黄皮、短柱黄皮、鸡皮果。

形态特征：常绿小乔木，高3~6m。当年生枝、叶柄及叶轴均被纤细而具弯钩的短柔毛，各部分均密生半透明油点。奇数羽状复叶；小叶5~11片，镰刀状披针形或斜卵形，边缘波状或上半段具浅钝裂齿，嫩叶背面中脉常被短柔毛。圆锥花序顶生；花白色，略芳香。果球形，偶有阔卵形，淡黄色，偶有淡朱红色，半透明。种子1~2粒。

花果期：花期4~5月，果期7~8月。

产地与分布：原产于菲律宾。我国台湾有野生。在我国广西主要分布于百色、崇左等市和隆安、横州、邕宁、马山等县（区、市）。

生态习性：喜温暖湿润气候。喜半阴环境。要求微碱性、中性至微酸性土。

繁殖方法：播种繁殖、高空压条繁殖。

观赏特性与应用：树姿优美，叶果共赏，花香沁脾。适种于庭院、生活小区、公园。

黄皮 *Clausena lansium* (Lour.) Skeels

科　　属：芸香科黄皮属。

别　　名：黄弹、黄段。

形态特征：常绿小乔木，高 3～12 m。小枝、叶轴和花序轴均密被短直毛，且散生突起的细油点，以未张开的小叶背脉上居多。奇数羽状复叶；小叶 5～11 片，卵形或卵状椭圆形。圆锥花序顶生，花瓣 5 片。果球形、椭球形或阔卵形，淡黄色至暗黄色，被细毛，半透明。种子 1～4 粒，

花果期：花期 4～5 月，果期 7～8 月。

产地与分布：原产于我国南部。在广西主产区为南宁、崇左、钦州、玉林、百色、贵港等市。

生态习性：喜温暖湿润气候。对土壤要求不高，砂壤土、砾质土、酸性土或钙质土均能适应。

繁殖方法：播种繁殖、嫁接繁殖、高空压条繁殖。

观赏特性与应用：树冠圆整，常年绿荫，是优良的观叶、观果树。多种于公园、生活小区、庭院及村宅旁。

橄榄科

橄榄 *Canarium album* (Lour.) DC.

科　　属：橄榄科橄榄属。

别　　名：黄榄、白榄、青果、山榄、红榄、青子。

形态特征：常绿大乔木，高可达 35 m。嫩枝被黄棕色茸毛，后毛脱落。奇数羽状复叶互生；小叶 3～6 对，纸质至革质，披针形或椭圆形至卵形；具托叶。雄花序为聚伞圆锥花序，雌花序为总状花序，腋生；花白色，芳香。果卵球形至纺锤形，无毛，熟时黄绿色。种子 1～2 粒。

花 果 期：花期 4～5 月，果期 10～12 月。

产地与分布：原产于福建、台湾、广东、广西、云南。在广西主要分布于梧州、钦州等市和邕宁、横州、临桂、苍梧、东兴、北流、田阳、东兰、巴马、金秀、龙州等县（区、市）。

生态习性：喜高温湿润气候。对土壤要求不高，但以土层深厚、排水良好、肥沃的砂壤土为佳。

繁殖方法：播种繁殖、嫁接繁殖。

观赏特性与应用：树姿雄伟，四季常青，是优良的观叶、观果园林绿化树。可孤植于庭院、公园、生活小区等处，也可列植作行道树。

乌榄 *Canarium pimela* Leenh.

科　　属：橄榄科橄榄属。

别　　名：黑榄、木威子。

形态特征：常绿大乔木，高可达 20 m。奇数羽状复叶；小叶 4 ~ 6 对，纸质至革质，无毛，宽椭圆形、卵形或圆形；无托叶。聚伞圆锥花序腋生，花瓣 3 ~ 5 片。果狭卵球形或椭球形，熟时紫黑色。种子 1 ~ 2 粒。

花 果 期：花期 4 ~ 5 月，果期 5 ~ 11 月。

产地与分布：原产于我国福建、广东、广西、海南、云南。越南、老挝、柬埔寨等国也有分布。在广西主要栽培区为西南部和东南部。

生态习性：喜高温湿润气候。对土壤要求不高，喜酸性砂土或壤土。

繁殖方法：播种繁殖、嫁接繁殖。

观赏特性与应用：树姿优美，常年枝叶繁茂。适宜孤植于公园、生活小区和庭院作点缀绿化，或列植作行道树。

楝 科

科　　属：楝科麻楝属。

别　　名：白椿、毛麻楝。

形态特征：落叶大乔木，高可达 25 m。偶数羽状复叶互生；小叶 10 ~ 16 片，纸质，卵形至长圆状披针形，先端渐尖，基部圆形，两面均无毛或近无毛；初生叶赭红色，后转浅绿色至深绿色。圆锥花序顶生；花瓣黄色或略带紫色。蒴果近球形或椭球形，灰黄色或褐色。种子扁平，椭球形。

花 果 期：花期 4 ~ 5 月，果期 10 月至翌年 1 月。

产地与分布：原产于广东、广西、云南和西藏。广西各地有分布。

生态习性：耐高温暑热。喜阳，幼苗耐阴。对土壤要求不高，在酸性、中性至微碱性土上均可生长，喜土层深厚、疏松、肥沃的土壤。

繁殖方法：播种繁殖。

观赏特性与应用：树冠宽大雄伟，树叶红绿相间，甚是美观。适合在庭院、公园、生活小区等处种植，也可作行道树。

棟 *Melia azedarach* L.

科　　属：棟科棟属。

别　　名：苦棟树、紫花树。

形态特征：落叶乔木，高可达 10 m。二回至三回奇数羽状复叶；小叶对生，卵形、椭圆形至披针形，先端短渐尖，基部楔形或宽楔形，边缘具钝齿，幼时被星状毛，后两面均无毛。圆锥花序腋生；花芳香，花瓣淡紫色。核果球形至椭球形。种子 4 ~ 5 粒，椭球形。

花　果　期：花期 4 ~ 5 月，果期 10 ~ 12 月。

产地与分布：产于我国黄河以南各地。亚洲热带、亚热带地区和温带地区有分布。我国广西各地有分布。

生态习性：喜温暖湿润气候，较耐寒。对土壤要求不高，在酸性土、中性土与石灰岩地区均可生长。

繁殖方法：播种繁殖。

观赏特性与应用：树形高大挺拔，树姿优美，淡紫色的花芳香。适宜作庭荫树及行道树。

大叶桃花心木 *Swietenia macrophylla* King

科　　属: 楝科桃花心木属。

别　　名: 美洲红木、洪都拉斯红木。

形态特征: 常绿大乔木,高可达 40 m。羽状复叶互生;小叶 3 ～ 6 对,对生或近对生,革质,卵形或卵状披针形,边缘全缘或具 1 ～ 2 枚波状钝齿,先端渐尖或骤尖,3 ～ 4 月有短暂落叶现象。圆锥花序腋生或近顶生;花小,绿黄色。蒴果木质,形似牛心,卵状长圆形,熟时栗色。种子 50 ～ 77 粒,扁平,长菱形,具膜革质翅。

花 果 期: 花期 4 月,果期翌年 3 ～ 4 月。

产地与分布: 原产于美洲热带地区。我国广西南宁、钦州等市和宁明、凭祥等县（市）有引种栽培。

生态习性: 喜温暖气候,抗寒性弱。喜光,幼苗需短期遮阳。对土壤要求不高,以肥沃、湿润、透气、排水良好的砂壤土为佳。

繁殖方法: 播种繁殖。

观赏特性与应用: 枝繁叶茂,叶色浓绿,树形美观。适宜作庭院、公园或街道的绿化树。

红椿 *Toona ciliata* Roem.

科　　属：楝科香椿属。

别　　名：红楝子、毛红椿。

形态特征：落叶大乔木，高可超过 20 m。偶数或奇数羽状复叶；小叶 7～8 对，对生或近对生，纸质，长圆状卵形或披针形，先端尾状渐尖，基部一侧圆形，另一侧楔形，边缘全缘，两面均无毛或仅背面脉腋被毛。圆锥花序顶生；花瓣 5 片，白色。蒴果长椭球形，干后紫褐色。种子两端具翅；翅扁平，膜质。

花 果 期：花期 4～6 月，果期 7 月。

产地与分布：产于我国福建、湖南、广东、广西、四川和云南等省（自治区）。中南半岛及印度、马来西亚、印度尼西亚等也有分布。在我国广西主要分布于玉林、贵港等市和永福、融水、隆林、乐业、田林、西林等县。

生态习性：喜温暖湿润气候，较耐寒。喜土质深厚、肥沃且排水良好的砂壤土，忌黏重土及积水地。

繁殖方法：播种繁殖、扦插繁殖、嫁接繁殖。

观赏特性与应用：树干通直，木材纹理美观。是珍贵的用材树之一，也可作行道树。

香椿 *Toona sinensis* (A. Juss.) Roem.

科　　属: 棟科香椿属。

别　　名: 椿芽、春阳树、春甜树、湖北香椿、毛椿。

形态特征: 落叶乔木,高可达 25 m。偶数羽状复叶;小叶 8 ~ 10 对,对生或互生,纸质,卵状披针形或卵状长椭圆形,先端尾尖,基部一侧圆形,另一侧楔形,不对称,边缘全缘或具疏离的小齿,两面均无毛,背面常粉绿色。圆锥花序与叶等长或比叶长,小聚伞花序生于短的小枝上,多花;花瓣 5 片,白色。蒴果狭椭球形,深褐色。种子上端具膜质长翅,下端无翅。

花 果 期: 花期 6 ~ 8 月,果期 10 ~ 12 月。

产地与分布: 产于我国中部、南部、西南部和华北、华东等地区。广西各地有分布。

生态习性: 喜温暖湿润气候,幼苗不耐寒。对土壤要求不高,在酸性、中性、微碱性土壤上均可生长,以土质肥沃、排水良好的石灰质壤土为佳。

繁殖方法: 播种繁殖、扦插繁殖、嫁接繁殖。

观赏特性与应用: 主干通直,嫩芽绯红,具香味。是多用途树,集材用、药用、食用、观赏于一体。

无患子科

鸡爪槭　*Acer palmatum* **Thunb.**

科　　属：无患子科槭属。

别　　名：七角枫、红枫、鸡爪枫。

形态特征：落叶小乔木，高 3 ~ 5 m。叶对生；叶片纸质，基部近心形，5 ~ 9 掌状分裂，裂片长卵圆形或披针形，先端锐尖或长锐尖，边缘具紧贴的尖锐齿，腹面深绿色，无毛，背面淡绿色，脉腋被白色丛毛。伞房花序顶生；花瓣 5 片，紫色。翅果嫩时紫红色，熟时淡棕黄色；小坚果球形；翅与小坚果张开成钝角。

花　果　期：花期 5 月，果期 9 月。

产地与分布：产于山东、河南南部、江苏、浙江、安徽、江西、湖北、湖南、贵州等地。在广西主要分布于桂北地区。

生态习性：喜温暖湿润气候。喜土层深厚、肥沃、湿润、有机质丰富的中性或微酸性土壤。

繁殖方法：播种繁殖、扦插繁殖、嫁接繁殖。

观赏特性与应用：树形优美，树冠伞形，姿态雅丽，叶形秀丽，春秋季叶色丰富。是优良的园林彩叶树，可孤植于公园绿地作园林造景，或丛植于庭院、生活小区作庭荫树。

滨木患 *Arytera littoralis* Bl.

科　　属：无患子科滨木患属。

别　　名：扁果木、扁果树、麦路。

形态特征：常绿小乔木，高 3 ~ 10 m。偶数羽状复叶互生；小叶 2 ~ 3 对，近对生，薄革质，长圆状披针形至披针状卵形，先端骤尖，头钝，基部阔楔形至近钝圆，两面均无毛或背面侧脉腋的腺孔上被毛。聚伞圆锥花序腋生；花芳香，花瓣 5 片。蒴果椭球形，熟时红色或橙黄色。种子枣红色，假种皮透明。

花　果　期：花期夏初，果期秋季。

产地与分布：原产于东南亚至巴布亚新几内亚的热带地区。我国广西南宁、崇左、玉林南部有分布。

生态习性：喜湿热气候，忌冰雪天气。喜肥水充足，土质要求疏松、土层深厚、肥沃。

繁殖方法：播种繁殖。

观赏特性与应用：树冠圆整，枝叶茂密、荫浓，秋季红果累累。适宜列植于街道两旁作行道树，或种于庭院、公园、草坪等处。

龙眼 *Dimocarpus longan* **Lour.**

科　　属：无患子科龙眼属。

别　　名：桂圆、羊眼果树、圆眼。

形态特征：常绿乔木，高可超过 10 m。偶数羽状复叶互生；小叶 4 ~ 5 对，偶有 3 对或 6 对，薄革质，长圆状椭圆形至披针形，先端短尖，有时稍钝，基部极不对称，有光泽，背面粉绿色，两面均无毛。圆锥花序顶生和近枝顶腋生；花瓣乳白色，披针形。果近球形，黄褐色或灰黄色。种子茶褐色，有光泽。

花 果 期：花期春夏季，果期夏季。

产地与分布：原产于亚洲南部和东南部及我国西南部至东南部。在我国广西主要分布于南宁、崇左、钦州、贵港、玉林和梧州等市。

生态习性：耐高温暑热。对土壤适应性强，以微酸、透气、富含有机质的砂质红壤和赤壤为佳。

繁殖方法：播种繁殖、扦插繁殖、嫁接繁殖、高空压条繁殖。

观赏特性与应用：枝繁叶茂，冠幅圆整、荫浓，常种于庭院、生活小区、公路或街道作绿化树。

复羽叶栾 *Koelreuteria bipinnata* Franch.

科　　属：无患子科栾属。

别　　名：灯笼树、风吹果、黄山栾树。

形态特征：落叶乔木，高可达 20 m。叶平展，二回羽状复叶；小叶 9～17 片，互生，纸质或近革质，斜卵形，先端短尖至短渐尖，基部阔楔形或圆形，边缘具内弯的小齿，两面均无毛或腹面中脉上被微柔毛，背面密被短柔毛。圆锥花序顶生；花瓣 4 片，黄色。蒴果椭球形或近球形，具 3 条棱，淡紫红色，熟时褐色。种子近球形，黑色。

花　果　期：花期 7～9 月，果期 8～10 月。

产地与分布：原产于云南、贵州、四川、湖北、湖南、广西、广东等省（自治区）。广西各地有分布，桂林、百色等市为主要栽培区。

生态习性：喜温暖气候。喜阳。对土壤的适应性强，在酸性、中性及石灰岩地均可生长，在湿润、肥沃的砂壤土上长势好。

繁殖方法：播种繁殖。

观赏特性与应用：树形优美，枝繁叶茂，花艳果奇，夏赏花、秋赏果，是观叶、观花、观果的优良园林树。适宜作行道树及庭院、生活小区的风景树。

荔枝 *Litchi chinensis* Sonn.

科　　属：无患子科荔枝属。

别　　名：离枝、荔锦、元红、丽支。

形态特征：常绿大乔木，高 10～15 m。偶数羽状复叶互生；小叶 2～3 对，较少 4 对，薄革质或革质，披针形或卵状披针形，先端骤尖或尾状短渐尖，边缘全缘，腹面深绿色，有光泽，背面粉绿色，两面均无毛。圆锥花序顶生，无花瓣。果卵球形至近球形，熟时通常暗红色至鲜红色。种子椭球形，棕褐色。

花 果 期：花期春季，果期夏季。

产地与分布：原产于华南地区。广西南宁、崇左、玉林、贵港、钦州、百色、梧州等市和东兴、合浦等县（市）为主要栽培区。

生态习性：喜温暖湿润气候，对气候敏感，在 15℃以下的环境生长缓慢。喜土层深厚、肥沃、湿润的酸性土、黏土或砂土。

繁殖方法：播种繁殖、嫁接繁殖、高空压条繁殖。

观赏特性与应用：树姿圆整，枝叶浓绿，红果累累。宜作园林绿化树。

漆树科

科　　属：漆树科南酸枣属。

别　　名：五眼果、鼻涕果。

形态特征：落叶乔木，高 8 ~ 20 m。奇数羽状复叶互生；小叶 3 ~ 6 对，对生，膜质至纸质，卵形、卵状披针形或卵状长圆形，先端长渐尖，基部阔楔形或近圆形，边缘全缘或幼株叶边缘具粗齿，两面均无毛或稀背面脉腋被毛。圆锥花序腋生或近顶生，花瓣 5 片。核果椭球形或倒卵状椭球形，熟时黄色，顶端具 5 个小孔。

花　果　期：花期 2 ~ 4 月，果期 10 月。

产地与分布：原产于我国西南部至中南部。印度、日本也有分布。我国广西各地有分布。

生态习性：喜温暖湿润气候。喜光，不耐阴。适应性强，在酸性土或钙质土上均可生长，以土层深厚、肥沃且排水良好的酸性土或中性土为佳。

繁殖方法：播种繁殖、嫁接繁殖。

观赏特性与应用：主干通直，树姿优美，枝叶茂盛，生长快速。适宜作四旁绿化树。

人面子 *Dracontomelon duperreanum* Pierre

科　　属：漆树科人面子属。

别　　名：银莲树、人面树、仁面。

形态特征：常绿大乔木，高可达 40 m。奇数羽状复叶互生；叶柄及叶轴具棱，幼时被毛；小叶 5～7 对，互生，近革质，长圆形，自下而上逐渐增大，先端渐尖，基部常偏斜，阔楔形至近圆形，边缘全缘。圆锥花序顶生或腋生；花略芳香，花瓣 5 片，白色或淡绿色。核果扁球形，顶端有数个孔，熟时黄色。种子 3～4 粒。

花 果 期：花期春夏季，果期 10～11 月。

产地与分布：原产于我国云南东南部、海南、广西、广东。我国广西南部、东南部及西南部有分布。越南、菲律宾也有分布。

生态习性：喜温热湿润气候，大树具有一定抗寒性，幼苗、幼树抗寒性弱，不耐霜冻。喜土层深厚、疏松、肥沃的砂壤土、壤土和冲积土。

繁殖方法：播种繁殖、扦插繁殖。

观赏特性与应用：树干通直，冠大如伞，叶色亮绿，生长快速。适种于街道两旁作行道树，或种于庭院、生活小区作风景树。

漆树科

南酸枣 *Choerospondias axillaris* (Roxb.) B. L. Burtt & A. W. Hill

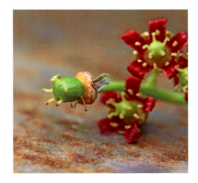
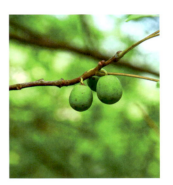
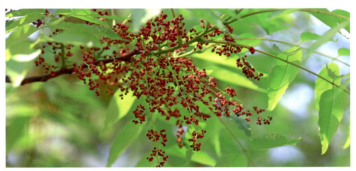

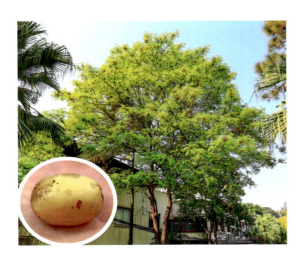
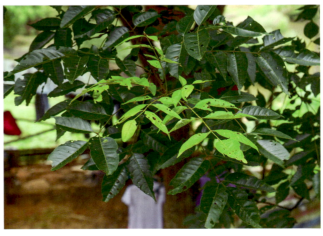

厚皮树 *Lannea coromandelica* (Houtt.) Merr.

科　　属：漆树科厚皮树属。

别　　名：厚皮麻、牛脚麻、脱皮麻。

形态特征：落叶乔木，高 5～10 m。奇数羽状复叶常集生于小枝顶端；小叶 3～4 对，对生，膜质或薄纸质，卵形或长圆状卵形，先端长渐尖或尾状渐尖，基部近圆形，边缘全缘；叶轴和叶柄圆柱形，疏被锈色星状毛。圆锥花序腋生，聚生于枝顶，组成总状花序；花瓣 4～5 片，黄色或带紫色。核果卵形，熟时紫红色，无毛。种子 1～5 粒。

花 果 期：花期 3～4 月，果期 6～7 月。

产地与分布：原产于云南南部、广西南部、广东西南部。在广西主要分布于北海市和陆川、博白等县。

生态习性：喜温热湿润气候，喜光，耐适度荫蔽，耐旱。喜疏松、肥沃、湿润的土壤。

繁殖方法：播种繁殖、扦插繁殖。

观赏特性与应用：树姿俊秀，叶茂色翠，长势旺盛。适种于庭院、公园、生活小区及街道作绿化树。

杧果 *Mangifera indica* L.

科　　属：漆树科杧果属。

别　　名：芒果、马蒙、蜜望。

形态特征：常绿大乔木，高 10 ~ 20 m。单叶，常集生于枝顶；叶片薄革质，多为长圆形或长圆状披针形，先端渐尖、长渐尖或急尖，基部楔形或近圆形，边缘皱波状，无毛，腹面略有光泽。圆锥花序，花多而密集，被灰黄色微柔毛，分枝开展；花小，杂性，黄色或淡黄色。核果大，肾形，压扁，熟时黄色。种子 1 粒。

花 果 期：花期 1 ~ 2 月，果期 6 ~ 8 月。

产地与分布：原产于印度和我国云南、广东、广西、福建、台湾等省（自治区）。我国广西南部、东南部及西南部有分布，西南部的田东、田阳为主要栽培区。

生态习性：喜高温气候，耐轻霜，耐旱，授粉季若雨水过多则不利于坐果。对土壤肥力要求高，喜土层深厚、富含有机质的砂壤土或黏壤土。

繁殖方法：播种繁殖、嫁接繁殖。

观赏特性与应用：树姿雄伟，枝叶繁茂。是园林绿化常用树，适种于庭院、生活小区、公园、街道等地。

扁桃 *Mangifera persiciforma* C. Y. Wu et T. L. Ming

科　　属：漆树科杧果属。

别　　名：唛咖、天桃木。

形态特征：常绿大乔木，高可达 30 m。单叶互生；叶片薄革质，狭披针形或线状披针形，先端急尖或短渐尖，基部楔形，边缘皱波状。圆锥花序顶生，单生或 2～4 个簇生；花瓣 4～5 片，黄绿色。果桃形或菱状卵形，末端稍弯。种子 1 粒。

花 果 期：花期 2～3 月，果期 7 月。

产地与分布：原产于台湾、海南、雷州半岛、广西和云南西南部。在广西主要分布于南宁以西的左江和右江流域以及钦州、玉林、贵港、来宾和梧州等市。

生态习性：喜温热湿润气候，大树耐短期低温，幼苗抗寒性较弱，不耐霜冻。喜酸性砂壤土、轻黏土，在钙质土上生长受阻。

繁殖方法：播种繁殖。

观赏特性与应用：树姿雄伟，枝叶繁茂，冠大如伞。是园林绿化常用树，适种于庭院、生活小区、广场、公园、街道及公路旁。

黄连木 *Pistacia chinensis* Bunge

科　　属：漆树科黄连木属。

别　　名：木黄连、黄连树、药树、凉茶树、楷木。

形态特征：落叶乔木，高可达 20 m。偶数羽状复叶互生；小叶 5 ~ 6 对，对生或近对生，纸质，披针形、卵状披针形或线状披针形，先端渐尖或长渐尖，基部偏斜，边缘全缘，两面被微柔毛或近无毛。圆锥花序腋生；花先叶开放，单性异株。核果倒卵状球形，熟时紫红色。

花 果 期：花期 4 月，果期 9 月。

产地与分布：产于长江以南各地及华北、西北地区。广西各地有分布。

生态习性：喜温暖湿润气候。适应性强，在微酸性、中性、微碱性土上均可生长，喜土层深厚、排水良好的砂壤土。

繁殖方法：播种繁殖。

观赏特性与应用：树形秀丽，枝繁叶茂，春秋季羽叶均为红色。是优良的园景树，可作街道和工矿区的绿化树，亦可作庭荫树。

山茱萸科

光皮梾木 *Cornus wilsoniana* **Wangerin**

科　　属：山茱萸科山茱萸属。

别　　名：光皮树、狗骨木。

形态特征：落叶乔木，高 5～18 m，稀可达 40 m。树皮灰色至青灰色，块状剥落。幼枝灰绿色，略具 4 条棱，被灰色平贴短柔毛；小枝圆柱形，深绿色；老枝棕褐色，皮孔明显。叶对生；叶片纸质，椭圆形或卵状椭圆形，边缘波状，密被柔毛。圆锥状聚伞花序顶生，疏被柔毛。核果球形，熟时紫黑色至黑色；果核骨质，球形，肋纹不明显。

花 果 期：花期 5 月，果期 10～11 月。

产地与分布：产于陕西、甘肃、河南及华南地区。广西南宁市和临桂、平乐、田阳、那坡、富川、龙州等县（区）有分布。

生态习性：喜光。耐寒，也耐热。在酸性土、偏碱性土上均可生长。

繁殖方法：播种繁殖。

观赏特性与应用：树干挺拔、清秀，树皮斑驳。是优美的园林绿化行道树和庭荫树。

五加科

幌伞枫 *Heteropanax fragrans* (Roxb.) Seem.

科　　属：五加科幌伞枫属。

别　　名：富贵树、大富贵、广伞枫、大蛇药、五加通、凉伞木。

形态特征：常绿乔木，高 5 ~ 30 m，胸径可达 70 cm。树皮淡灰棕色。枝无刺。叶大，多为三回至五回羽状复叶；小叶对生，纸质，椭圆形，先端短渐尖，基部楔形，边缘全缘，无毛。伞形花序密集成头状，总状排列，组成顶生圆锥花序，密被锈色星状茸毛；花淡黄白色，芳香。果卵球形，熟时黑色。种子 2 粒，扁平。

花　果　期：花期 10 ~ 12 月，果期翌年 2 ~ 3 月。

产地与分布：原产于云南、广东。广西南宁、百色等市和永福、龙州等县有分布。

生态习性：喜光。喜温暖湿润气候，不耐寒。较耐干旱。耐贫瘠土壤。

繁殖方法：播种繁殖、扦插繁殖。

观赏特性与应用：主干通直，小枝短而粗，树冠圆整，形如罗伞，羽叶巨大、奇特。是优美的观赏树。

柿　科

柿 *Diospyros kaki* **Thunb.**

科　　属：柿科柿属。

别　　名：柿树、柿子。

形态特征：落叶乔木，高可达 15 m。树皮深灰色至灰黑色。单叶互生；叶片纸质，卵状椭圆形至倒卵形或近圆形，背面被茸毛。花雌雄异株，雄花常 3 朵排成聚伞花序，雌花单生于叶腋。浆果球形、扁球形、略方形、卵形等，嫩时绿色，后变黄色、橙黄色。种子数粒，栽培品种常无种子或仅有少数种子。

花 果 期：花期 4~6 月，果期 9~10 月。

产地与分布：自辽宁西部、长城一线经甘肃南部折入四川、云南一线以南及以东地区均有分布或栽培。广西各地有分布。

生态习性：喜光。喜温暖气候，耐寒。对土壤要求不高，但以土层深厚、排水良好的中性土为佳。

繁殖方法：播种繁殖、嫁接繁殖，以嫁接繁殖为主。

观赏特性与应用：树形优美，叶大荫浓，果色鲜艳，可观叶、观果。集观赏价值、食用价值、药用价值、经济价值于一体，适合作盆景、庭院和花园的绿化观赏树。

山榄科

人心果 *Manilkara zapota* (L.) van Royen

科　　属：山榄科铁线子属。

别　　名：赤铁果、奇果、吴凤柿。

形态特征：常绿乔木，高 10～20 m。小枝茶褐色，具明显的叶痕。叶密聚于枝顶，单叶互生；叶片革质，长圆形或卵状椭圆形，先端急尖或钝，基部楔形，边缘全缘或波状，两面均无毛，具光泽。花白色，1～2 朵生于枝顶叶腋。果簇生于叶腋，常年着果；浆果纺锤形、卵形或球形；果肉黄褐色。种子扁。

花 果 期：花期 5～7 月，果期 7～9 月。

产地与分布：原产于美洲热带地区。我国海南、广东、广西、云南、福建南部等地有引种栽培。

生态习性：喜高温多湿气候。对土壤适应性较强，在砂壤土、黏土以及海边砂土上均可种植，还能忍受持续积水及高浓度根际盐碱。

繁殖方法：嫁接繁殖、高空压条繁殖。

观赏特性与应用：树美、荫浓、果甜，经济价值高，兼具生态价值和观赏价值，常种于果园或庭院，适种于生活小区、庭院、水滨、草坪、园林路旁等处作绿化树。

蛋黄果 *Lucllma campechiana* (Kunth) Baehni

科　　属：山榄科蛋黄果属。

别　　名：蛋果、狮头果、仙桃、桃榄。

形态特征：常绿小乔木，高约6 m。小枝灰褐色，嫩枝被褐色茸毛。叶片坚纸质，狭椭圆形，先端渐尖，基部楔形，两面均无毛；中脉在腹面微凸，在背面浑圆且十分突起，侧脉13～16对。花单生或2朵生于叶腋，黄白色。果倒卵形，无毛；外果皮薄；中果皮肉质，蛋黄色。种子2～4粒，椭球形，压扁，黄褐色，具光泽。

花　果　期：花期5～6月，果期10～11月。

产地与分布：原产于美洲热带地区，广泛分布于南美洲和亚洲热带、亚热带地区。我国广东、广西、海南、云南等省（自治区）有种植。

生态习性：喜温暖多湿气候，耐短期高温及寒冷。对土壤适应性强，在砂壤土上生长最好。

繁殖方法：种子繁殖、高枝压条繁殖。

观赏特性与应用：树冠半圆形，叶稠密，树形优美，果形美观，兼具观赏价值与食用价值。适种于公园、市政绿化区及建筑四旁。

安息香科

中华安息香 *Styrax chinensis* Hu et S. Y. Liang

科　　属：安息香科安息香属。

别　　名：大籽安息香、大果安息香、山柿、米哥蚊。

形态特征：乔木，高 10 ~ 20 m。树皮灰棕色。嫩枝扁圆形，密被黄褐色星状短柔毛，成年后无毛。叶互生；叶片革质，长圆状椭圆形或倒卵状椭圆形，先端急尖，基部圆形或宽楔形，边缘近全缘；叶柄四棱形，密被星状茸毛和柔毛。圆锥花序或总状花序顶生或腋生，花白色。果球形，密被灰白色星状茸毛，疏被星状短柔毛，不开裂或从顶端整齐 3 片开裂。种子球形，褐色，稍具皱纹，无毛。

花 果 期：花期 4 ~ 5 月，果期 9 ~ 11 月。

产地与分布：产于广西龙州、上思、容县、都安等县和云南景东、金平等县。

生态习性：喜光，不耐阴。喜温暖湿润气候。喜土层深厚、排水良好、微酸性的土壤。

繁殖方法：播种繁殖。

观赏特性与应用：枝叶茂密，干形通直。可作庭院绿化树和行道树。

木犀科

女贞 *Ligustrum lucidum* W. T. Aiton

科　　属：木犀科女贞属。

别　　名：大叶女贞、冬青、落叶女贞。

形态特征：常绿乔木，高可达25 m。单叶对生；叶片革质，卵形或椭圆形，边缘全缘，先端尖或渐尖，基部近圆形，两面均无毛。圆锥花序顶生，塔形；花白色，略微芳香。核果肾形，熟时蓝黑色或红黑色，被白粉。种子1～2粒。

花　果　期：花期5～7月，果期7月至翌年5月。

产地与分布：我国长江以南至华南、西南地区以及陕西、甘肃、山西等省有分布。在广西主要分布于桂林、贺州等市，南丹、罗城、东兰、上林、那坡、田林、隆林、凌云、乐业、蒙山等县及大瑶山。

生态习性：喜温暖湿润气候，稍耐低温。对土壤要求不高，在酸性或微碱性黏土、壤土或砂土上均可生长。

繁殖方法：播种繁殖、扦插繁殖、压条繁殖。

观赏特性与应用：树冠稠密，枝条柔韧，叶绿花白，清新雅致。是庭院、公园、广场、生活小区、街道等处常用的优良绿化树。

木犀 *Osmanthus fragrans* Lour

科　　属：木犀科木犀属。

别　　名：桂花、木樨、岩桂。

形态特征：常绿乔木，高 3～8 m。小枝黄褐色，无毛。单叶对生；叶片革质，椭圆形、长椭圆形或椭圆状披针形，先端渐尖，基部楔形或宽楔形，边缘全缘或上半部具细齿，两面均无毛；叶柄无毛。聚伞花序簇生于叶腋，近帚状；花极芳香，花冠黄白色、淡黄色、黄色或橘红色。核果椭球形，熟时紫黑色。种子 1 粒，纺锤形。

花　果　期：花期 9 月至 10 月上旬，果期翌年 3 月。

产地与分布：原产于我国西南及华中地区。在广西主要分布于桂林市和富川、天峨、平南等县。

生态习性：喜温暖湿润气候，耐霜冻冰雪。对土壤适应性强，在酸性土或钙质土上均可生长，但以土层深厚、疏松、湿润、肥沃的酸性壤土为佳。

繁殖方法：播种繁殖、扦插繁殖、嫁接繁殖、高空压条繁殖。

观赏特性与应用：树姿优雅，枝叶繁茂，芳香馥郁。常种于庭院、公园、街道或生活小区作风景绿化树。

夹竹桃科

糖胶树 *Alstonia scholaris* (L.) R. Br.

科　　属：夹竹桃科鸡骨常山属。

别　　名：面条树、灯台树、鸭脚树。

形态特征：常绿大乔木，高可达 20 m。单叶 3～8 片轮生；叶片倒卵状长圆形，无毛，先端圆、钝或微凹、基部楔形。聚伞花序顶生；花白色，被柔毛。蓇葖果线形，熟时黑褐色。种子多粒，长圆形，红棕色，两端被红棕色长缘毛。

花 果 期：花期 6～11 月，果期 10 月至翌年 4 月。

产地与分布：原产于亚洲热带地区和澳大利亚。在我国广西主要分布于南宁市和东兴、龙州、宁明、那坡、陆川、北流等县（市）。

生态习性：喜温暖气候，成年树能耐轻霜和较长期低温。喜湿润，耐短期干旱。对土壤要求不高，在钙质土和酸性土上均可生长，在土层深厚、湿润、肥沃处生长快。

繁殖方法：播种繁殖、扦插繁殖。

观赏特性与应用：树干通直，树冠分层，树形优美。适种于庭院、公园、街道及工矿区作绿化树。

蕊木 *Kopsia arborea* **Blume**

科　　属：夹竹桃科蕊木属。

别　　名：云南蕊木、梅桂、马蒙加锁。

形态特征：常绿乔木，高可达 15 m。单叶对生；叶片革质，卵状长圆形，边缘全缘，先端急尖，基部阔楔形，两面均无毛。聚伞花序顶生；花瓣 5 片，白色，矩圆状披针形。核果近球形，熟时黑色。种子 1～2 粒，扁椭球形。

花　果　期：花期 4～6 月，果期 7～12 月。

产地与分布：原产于广东南部、广西东南部、海南、云南南部等地。广西钦州、玉林等市有分布。

生态习性：喜温暖湿润气候，稍耐高温，耐轻霜及长期低温，忌冰雪。要求土壤为土层深厚、湿润、肥沃的酸性土。

繁殖方法：播种繁殖。

观赏特性与应用：树姿端庄，叶色亮绿，繁花满树。可孤植、列植、片植于公园、水滨、生活小区、庭院等处作绿化树。

鸡蛋花 *Plumeria rubra* 'Acutifolia'

科　　属：夹竹桃科鸡蛋花属。

别　　名：缅栀、蛋黄花、鸭脚木。

形态特征：落叶小乔木，高 2～8 m。单叶互生；叶片厚纸质，长圆状倒披针形，边缘全缘，先端急尖，基部狭楔形，两面均无毛。聚伞花序顶生；花芳香，花瓣 5 片，外围白色，内侧黄色。蓇葖果长圆形，淡绿色。

花 果 期：花期 3～8 月，果期 7～12 月。

产地与分布：原产于南美洲。我国广西各地有分布。

生态习性：喜温暖湿润气候，耐暑热，抗寒性弱。喜肥沃、湿润的酸性土或中性土，但在石灰岩发育成的土壤上也能生长。

繁殖方法：扦插繁殖、高空压条繁殖。

观赏特性与应用：树形奇特，叶大花香，沁人心脾，是优良的香花树。适种于广场、公园、生活小区、街道等处。

茜草科

团花 *Neolamarckia cadamba* (Roxb.) Bosser

科　　属：茜草科团花属。

别　　名：黄梁木、团花树、大叶黄梁木。

形态特征：落叶大乔木，高可达 30 m。枝平展；幼枝略扁，褐色；老枝圆柱形，灰色。单叶对生；叶片薄革质，椭圆形或长圆状椭圆形，边缘全缘，先端短尖，基部圆形或截形，腹面有光泽，背面无毛或被稠密短柔毛。头状花序单个顶生；花黄白色，漏斗形。聚合果球形，熟时黄绿色。种子多，近三棱形，无毛。

花 果 期：花果期 6～11 月。

产地与分布：原产于我国云南南部、广西西南部。越南、缅甸等国也有分布。在我国广西主要分布于防城港、崇左等市和那坡、浦北等县。

生态习性：喜温湿气候，稍耐短暂低温，忌霜冻。对土壤要求较高，以水肥充足的酸性土为佳。

繁殖方法：播种繁殖。

观赏特性与应用：树姿挺拔，树干高大、通直。适种于公园、办公区、生活小区、庭院等处作绿化树。

忍冬科

珊瑚树 *Viburnum odoratissimum* Ker.-Gawl.

科　　属：忍冬科荚蒾属。

别　　名：早禾树、极香荚蒾。

形态特征：常绿小乔木，高 10 ~ 15 m。枝灰色或灰褐色，具突起的小瘤状皮孔。单叶对生；叶片革质，椭圆形至矩圆状倒卵形，先端短尖至渐尖而头钝，基部宽楔形，边缘上部具不规则浅波状齿或近全缘，两面均无毛。圆锥花序顶生或生于侧生短枝上；花白色，后变为黄白色，芳香。核果卵球形或卵状椭球形，先红色后变黑色。种子 1 粒，倒卵形。

花 果 期：花期 4 ~ 5 月，果期 9 ~ 10 月。

产地与分布：原产于福建东南部、湖南南部、广东、广西和海南。广西各地有分布。

生态习性：喜温暖湿润气候，较耐短期暑热，忌严寒和长期高温，稍耐阴。对土壤有一定要求，喜湿润、肥沃的酸性砂壤土。

繁殖方法：播种繁殖、扦插繁殖。

观赏特性与应用：树姿优雅，树叶荫浓，花香果艳，叶具抗污能力。适种于工矿区、学校、庭院、街道等处作绿化树。

紫葳科

黄花风铃木 *Handroanthus chrysanthus* (Jacq.) S. O. Grose

科　　属：紫葳科风铃木属。

别　　名：黄金风铃木、巴西风铃木、黄钟木。

形态特征：落叶乔木，高4～5 m。掌状复叶对生；叶片纸质，卵状椭圆形，边缘全缘或疏齿缘，被褐色细茸毛，先端尖。圆锥花序顶生；花金黄色，风铃状漏斗形。蓇葖果（蒴果）被茸毛，熟后自然开裂。种子数粒，较薄，具翅，被茸毛。

花 果 期：花期3～4月，果期5～6月。

产地与分布：原产于中美洲、南美洲和墨西哥。我国广西南部有引种栽培。

生态习性：喜高温高湿气候，最低生长温度为5℃。喜土层深厚、肥沃、有机质丰富的壤土或砂壤土。

繁殖方法：播种繁殖、扦插繁殖、高空压条繁殖。

观赏特性与应用：冠形如伞，叶绿婆娑，花色艳丽，光彩夺目，观赏性强。常列植或片植作行道树、庭院树及公园和草坪的景观树等。

红花风铃木 *Handroanthus impetiginosus* (Mart. ex DC.) Mattos.

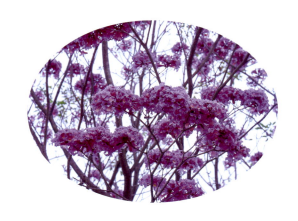

科　　属：紫葳科风铃木属。

别　　名：掌叶黄钟木、紫花风铃木。

形态特征：短期落叶乔木，高可达 20 m。树皮平滑，浅灰色，皮孔垂直纵列。掌状复叶对生；小叶5片，纸质，椭圆形或长椭圆形，边缘具细齿，基部楔形。圆锥花序顶生，簇状排列；花紫红色或粉红色，形似铃铛，花瓣 4～5 裂，边缘皱缩。蒴果长条形，熟后开裂。种子扁平如纸，透明，具翅。

花　果　期：花期12月至翌年3月，果期2～4月。

产地与分布：原产于巴西、巴拉圭、危地马拉、阿根廷、乌拉圭等国家。我国广西南部、西南部、东南部等地有分布。

生态习性：喜温暖湿润气候，不耐寒，最低生长温度为5℃。适应多种土壤，但在土层肥厚、排水良好的酸性土上生长良好。

繁殖方法：播种繁殖、扦插繁殖、压条繁殖。

观赏特性与应用：树形优美，叶色翠绿，花大色艳。可列植、片植或孤植观赏，广泛作行道树、庭院树、景观树。

蓝花楹 *Jacaranda mimosifolia* D. Don

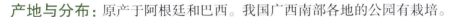

科　　属：紫葳科蓝花楹属。

别　　名：蓝楹、含羞草叶楹、含羞草叶蓝花楹。

形态特征：落叶乔木，高可达 15 m。主干不通直，枝黑褐色。二回羽状复叶对生；小叶16 ~ 24 对，椭圆状披针形至椭圆状菱形，先端急尖，基部楔形，边缘全缘。圆锥花序顶生或腋生，花深蓝色或浅紫色。蒴果木质，扁卵球形，熟时黄褐色。种子 40 ~ 100 粒，灰褐色，具膜质翅。

花 果 期：花果期 2 次，第一次 5 ~ 7 月，果期翌年 2 月；第二次 8 ~ 10 月，果期翌年 4 月。

产地与分布：原产于阿根廷和巴西。我国广西南部各地的公园有栽培。

生态习性：喜温暖湿润气候，耐轻霜，忌寒潮。喜肥沃、疏松、深厚、湿润且排水良好的砂壤土或壤土。

繁殖方法：播种繁殖、扦插繁殖。

观赏特性与应用：树冠伞状，叶似羽毛，花色清雅，果形奇特，是集观叶、观花、观果于一体的优良园林树。可种于庭院、公园、生活小区等处作园林造景树，也可作行道树。

吊瓜树 *Kigelia africana* (Lam.) Benth.

科　　属：紫葳科吊灯树属。

别　　名：腊肠树、吊灯树。

形态特征：常绿乔木，高约 15 m。奇数羽状复叶交互对生或轮生；小叶 7～9 片，近革质，长圆形或倒卵形，先端急尖，基部楔形，边缘全缘，腹面光滑，被微柔毛。圆锥花序生于小枝顶端，花橘黄色或红褐色。果下垂，纺锤形、圆柱形或椭球形，熟时暗银灰色。种子多数，无翅。

花　果　期：花期 4～5 月，果期翌年 3～4 月。

产地与分布：原产于非洲热带地区。在我国广西主要分布于南宁以南各地。

生态习性：喜温暖湿润气候，大树耐轻霜及较长期 5～6℃低温，幼苗忌霜冻。对土壤肥力要求较高，喜肥沃、湿润的酸性红壤。

繁殖方法：播种繁殖。

观赏特性与应用：枝叶繁茂，花果下垂，色艳形奇，是优良的观花、观果树。适种于庭院、生活小区、公园、街道等处作绿化树。

火烧花　*Maryodendron igneum* (Kurz.) Kurz.

科　　属: 紫葳科火烧花属。

别　　名: 缅木、火花树、炮仗花。

形态特征: 常绿乔木，高可达 15 m。树皮平滑。嫩枝具长椭圆形白色皮孔。二回奇数羽状复叶对生；小叶卵形至卵状披针形，先端长渐尖，基部阔楔形，边缘全缘，两面均无毛。短总状花序生于老茎或侧枝上；花冠橙黄色至金黄色，筒状，基部微收缩。蒴果长线形，熟时黑褐色。种子数粒，卵球形，具白色透明的膜质翅。

花 果 期: 花期 2~5 月，果期 5~9 月。

产地与分布: 原产于我国台湾、广东、广西和云南南部。越南、老挝、缅甸、印度等国有分布。在我国广西主要分布于靖西、隆林、田阳、龙州等县（区、市）。

生态习性: 喜高温高湿气候，耐干热，忌霜冻。喜土层深厚、肥力中等、排水良好的中性至微酸性土，不耐盐碱。

繁殖方法: 播种繁殖、嫁接繁殖、高空压条繁殖。

观赏特性与应用: 花大色艳，簇拥开放，犹如熊熊燃烧的火焰，景观独特，是兼具观赏价值与食用价值的优良树种。可孤植、片植或列植于庭院、公园、草坪、街道等处作风景树。

猫尾木 *Makhamia stipulata* (Wall.) Seem.

科　　属：紫葳科猫尾木属。

别　　名：猫尾。

形态特征：常绿乔木，高 10 ～ 20 m。幼枝被黄褐色毡毛。一回奇数羽状复叶对生；小叶 9 ～ 13 片，膜质或纸质，椭圆形或卵状椭圆形，边缘全缘，先端短尾尖，基部阔楔形，两面均无毛。总状花序顶生；花冠漏斗形，淡黄色至金黄色。蒴果长扁球形，倒垂，熟时黄褐色。种子数粒，长圆形，极薄，具膜质翅。

花　果　期：花期 3 ～ 4 月，果期 8 ～ 9 月。

产地与分布：原产于广东、广西、海南、云南。广西那坡、宁明、龙州、凭祥等县（市）有分布。

生态习性：喜温暖湿润气候，耐暑热和轻霜，忌冰雪。对土壤肥力有一定的要求，以土层深厚、肥沃、湿润的酸性土为佳。

繁殖方法：播种繁殖。

观赏特性与应用：树冠浓绿，花大艳丽，果形奇特，形似猫尾。可作行道树或庭院、生活小区、公园的风景树。

海南菜豆树 *Radermachera hainanensis* Merr.

科　　属：紫葳科菜豆树属。

别　　名：大叶牛尾林、幸福树、牛尾林、绿宝、接骨伞。

形态特征：常绿乔木，高可达 20 m。除花冠筒内面被柔毛外，全株均无毛。一回至二回羽状复叶对生；小叶纸质，长圆状卵形或卵形，先端渐尖，基部阔楔形，两面均无毛。总状花序或圆锥花序腋生或侧生；花淡黄色或黄绿色，钟形，顶端 5 裂。蒴果圆柱形，隔膜扁圆形。种子卵球形，薄膜质。

花 果 期：花期 4 月，果期 12 月。

产地与分布：原产于海南、广东、云南。在广西主要分布于金秀、靖西、隆林、龙州等县（市）。

生态习性：喜温暖湿润气候，不耐寒，喜光，耐半阴。适生于石灰岩溶山区，喜疏松的土壤。

繁殖方法：播种繁殖、扦插繁殖。

观赏特性与应用：主干通直，形美姿雅，花香色美，花果同赏。适宜列植作行道树，或群植、孤植于公园、草坪及庭院作园景树。

菜豆树 *Radermachera sinica* (Hance) Hemsl.

科　　属：紫葳科菜豆树属。

别　　名：牛尾木、鸡豆木、豆角木。

形态特征：落叶乔木，高可达 10 m。叶柄、叶轴、花序均无毛。二回羽状复叶；小叶卵形至卵状披针形，先端尾状渐尖，基部阔楔形，边缘全缘，两面均无毛。圆锥花序顶生；花白色至淡黄色，钟状漏斗形，裂片 5 片，具皱纹。蒴果圆柱形，具多条沟纹，熟时灰褐色。种子多数，椭球形，具膜质翅。

花 果 期：花期 5 ～ 9 月，果期 10 ～ 12 月。

产地与分布：原产于台湾、广东、广西、贵州、云南等省（自治区）。在广西主要分布于桂林、柳州、南宁等市和平南、宁明、龙州、大新、天等、防城、都安、东兰等县（区）。

生态习性：喜高温高湿气候，耐干旱，忌寒冷。喜疏松、肥沃、排水良好的壤土或砂壤土。

繁殖方法：播种繁殖、扦插繁殖、压条繁殖。

观赏特性与应用：树干通直，枝叶繁茂，叶色亮绿。适宜作石山地区优良的绿化树、城市行道树或室内盆栽观叶植物。

火焰树 *Spathodea campanulata* **Beauv.**

科　　属： 紫葳科火焰树属。

别　　名： 火焰木、火烧花、喷泉树、苞萼木。

形态特征： 常绿或半落叶乔木，高可达 10 m。树皮平滑，灰褐色。奇数羽状复叶对生；小叶 13～17 片，椭圆形至倒卵形，先端渐尖，基部圆形，边缘全缘，背面脉上被柔毛。伞房状总状花序顶生，密集；花橘红色，顶端浅 5 裂，阔卵形，具纵褶纹。蒴果黑褐色。种子具周翅，近球形。

花 果 期： 花期 2～5 月，果期 6～7 月。

产地与分布： 原产于非洲。我国广西南宁、崇左、百色、玉林、钦州等市有分布。

生态习性： 喜高温湿热气候，不耐寒，耐干旱。在肥沃、疏松、保水、透气性良好的酸性土上长势强健。

繁殖方法： 播种繁殖、扦插繁殖、高压繁殖、分根蘖苗繁殖。

观赏特性与应用： 树姿婆娑，花色艳丽，形如火焰。常作公园、景区、庭院的风景树或行道树。

唇形科

柚木 *Tectona grandis* L. f.

科　　属：唇形科柚木属。

别　　名：紫油木、脂树。

形态特征：落叶大乔木，高可达 40 m。小枝四棱形，具 4 条槽，被灰黄色或灰褐色星状茸毛。单叶对生；叶片厚纸质，边缘全缘，卵状椭圆形或倒卵形，先端钝圆或渐尖，基部楔形，背面密被灰褐色至黄褐色星状毛。圆锥花序顶生；花白色，芳香。核果球形。种子多数。

花 果 期：花期 8 月，果期 10 月。

产地与分布：原产于印度、缅甸、马来西亚和印度尼西亚等热带国家。我国广西南宁市和凭祥、大新、北流等县（市）有分布。

生态习性：喜高温湿润且干湿季分明的气候，幼苗忌霜冻。喜土层深厚、排水良好、湿润的红壤或赤红壤。

繁殖方法：播种繁殖、扦插繁殖。

观赏特性与应用：树姿伟岸，主干通直，冠齐叶大，是珍贵的园林观赏树。适种于庭院、生活小区、办公区域、公园等处作绿化点缀。

棕榈科

假槟榔 *Archontophoenix alexandrae* (F. Muell.) H. Wendl. et Drude

科　　属：棕榈科假槟榔属。

别　　名：亚历山大椰子、亚历山大假槟榔。

形态特征：常绿乔木，高 10~25 m。茎圆柱形，基部略膨大。单叶生于茎顶；叶片羽状全裂，羽片 2 列，线状披针形，先端渐尖，边缘全缘或具缺刻。圆锥花序生于叶鞘下，下垂；花瓣 3 片，斜卵状长圆形，白色。果卵球形，熟时红色。种子 1 粒，卵球形。

花 果 期：花期 4 月，果期 4~7 月。

产地与分布：原产于澳大利亚东部。在我国广西，桂林、柳州等市及南宁以南各地有分布。

生态习性：喜高温湿润气候。大苗较耐寒，耐长期 5℃ 低温；幼苗忌霜冻。喜肥沃的酸性砂壤土，在贫瘠地生长缓慢。

繁殖方法：播种繁殖。

观赏特性与应用：树干直立挺拔，叶姿俊秀，果实红艳。常种于公园、草坪、庭院等处作风景园林树。

三药槟榔 *Areca triandra* Roxb. ex Buch.-Ham.

科　　属：棕榈科槟榔属。

别　　名：三雄蕊槟榔。

形态特征：常绿小乔木，高 3 ~ 4 m。茎丛生，具明显的环状叶痕。单叶，羽状全裂，羽片约 17 对，顶端 1 对合生；叶二型，下部和中部的羽片披针形，上部及顶端的羽片较短而稍钝，具齿裂。佛焰苞 1 个，革质，压扁，光滑，开花后脱落。肉穗花序腋生。核果卵状纺锤形，熟时由黄色变为深红色。种子椭球形至倒卵球形。

花 果 期：花期 4 ~ 6 月，果期 9 ~ 11 月。

产地与分布：原产于印度、中南半岛及马来半岛等亚洲热带地区。在我国广西主要分布于南部和西南部。

生态习性：喜高温湿润气候，抗寒性较强，耐霜冻。对土壤要求不高，但在湿润、疏松、肥沃的砂土上长势旺盛。

繁殖方法：播种繁殖、分蘖繁殖。

观赏特性与应用：枝叶繁茂，花色艳丽，花形奇特，兼具观赏价值与药用价值。常种于庭院和公园的凉亭、廊架、围墙等处作立体绿化。

桄榔 *Arenga westerhoutii* Griffith

科　　属：棕榈科桄榔属。

别　　名：糖棕、砂糖椰子。

形态特征：常绿乔木，高约 5 m。茎具疏离环状叶痕。单叶簇生于茎顶端；叶片革质，羽状全裂；羽片2列，线形，基部具 1 个或 2 个耳垂，先端具啮蚀状齿或 2 裂。肉穗花序腋生；花瓣 3 片。浆果近球形，熟时灰褐色。种子 3 粒，黑色，卵状三棱形。

花　果　期：花期 5 ~ 6 月，果期在花后 2 ~ 3 年。

产地与分布：原产于我国广东、海南、云南南部。印度尼西亚、马来西亚、菲律宾等温热带国家也有分布。我国广西南宁、崇左等市和巴马、田林、靖西等县（市）有分布。

生态习性：喜温暖湿润气候，抗寒性较弱，忌霜冻。喜土层深厚、肥沃的钙质土或酸性壤土。

繁殖方法：播种繁殖。

观赏特性与应用：树姿挺拔、雄伟，叶宽色绿，兼具观赏价值与食用价值。常孤植、列植或片植于庭院、生活小区、街道等处作风景树。

鱼尾葵 *Caryota maxima* **Blume ex Martius**

科　　属：棕榈科鱼尾葵属。

别　　名：假桃榔、单杆鱼尾葵。

形态特征：常绿乔木，高 10 ~ 20 m。茎绿色，被白色毡状茸毛，具环状叶痕。单叶互生；幼叶近革质，老叶厚革质；最上部的羽片楔形，先端 2 ~ 3 裂，侧边的羽片菱形，外缘笔直，内缘上半部或 1/4 以上具不规则齿缺。肉穗花序腋生，花瓣黄色。浆果状核果球形，熟时红色。种子多为 1 粒。

花 果 期：花期 5 ~ 7 月，果期 8 ~ 11 月。

产地与分布：原产于越南、马来西亚、印度以及我国广东、广西、云南、海南等热带、亚热带地区。在我国广西，桂林以南各地有分布。

生态习性：喜高温湿润气候，抗寒性较强，耐长期 4 ~ 5℃低温。喜疏松、肥沃的钙质土或微酸性土。

繁殖方法：播种繁殖。

观赏特性与应用：树姿优美，叶形奇特，花果垂挂，甚为壮观。适宜作街道绿化树，或种于庭院、生活小区、草坪、公园、广场等处作风景树。

董棕 *Caryota obtusa* Griffith

科　　属：棕榈科鱼尾葵属。

别　　名：酒假桃榔、果榜。

形态特征：常绿乔木，高 5～25 m。茎黑褐色，基部膨大，具明显的环状叶痕。叶弓状下弯；羽片楔形；幼叶近革质，老叶厚革质，边缘具规则齿缺。穗状花序腋生，下垂。果球形至扁球形，熟时红色。种子 1～2 粒，近球形或半球形。

花　果　期：花期 6～10 月，果期 5～10 月。

产地与分布：产于广西西南部和云南南部。在广西主要分布于靖西、那坡、龙州、大新、宁明等县（市）。

生态习性：喜温暖湿润气候，要求年平均气温在 20℃以上，耐轻霜。喜肥沃、湿润、疏松且排水良好的土壤。

繁殖方法：播种繁殖。

观赏特性与应用：高大挺拔，树干笔直，茎干膨大如花瓶，甚是优美。适种于公园、庭院、街道等处作风景树。

椰子 *Cocos nucifera* L.

科　　属：棕榈科椰子属。

别　　名：椰树、可可椰子、椰子树。

形态特征：常绿乔木，高 15～30 m。茎具环状叶痕；基部增粗，常具簇生小根。单叶；叶片革质，羽状全裂，羽片线状披针形，先端渐尖。佛焰苞纺锤形，厚木质，老时脱落。肉穗花序腋生，多分枝；花瓣 3 片。坚果卵球形或近球形，顶端微具 3 条棱，基部具 3 个孔，其中 1 个孔与胚相对，其余 2 个孔坚实。

花 果 期：花期几乎全年，果期 7～9 月。

产地与分布：原产于东南亚国家、太平洋诸岛及我国海南、台湾、广东、云南南部等地。在我国广西主要分布于北海、钦州、防城港等沿海城市。

生态习性：喜高温湿润气候，最低生长温度为 4℃。对土壤要求不高，在酸性土或碱性土上均可生长。

繁殖方法：播种繁殖。

观赏特性与应用：植株高大，干形挺拔，叶色苍翠，果形如瓜、成串簇生，颇为壮观，是热带地区重要的观叶、观果树。可种于道路两旁作行道树，或种于公园、广场、草坪、庭院等处作风景树。

蒲葵 *Livistona chinensis* (Jacq.) R. Br.

科　　属：棕榈科蒲葵属。

别　　名：华南蒲葵、扇叶葵。

形态特征：常绿乔木，高 5~20 m。基部常膨大。叶片阔肾状扇形，掌状深裂至中部，裂片线状披针形，先端长渐尖。花序圆锥形；花小，两性。核果椭球形，熟时黑褐色。种子 1 粒，椭球形。

花 果 期：花果期 4 月。

产地与分布：原产于东南亚国家、澳大利亚及我国南部。我国广西各地有分布。

生 态 习 性：喜温暖湿润气候，耐短期 -6℃ 低温，耐霜冻及轻冰雪。对土壤要求不高，在酸性土、钙质土或砂土上均可生长。

繁殖方法：播种繁殖。

观赏特性与应用：高大挺拔，四季常青，叶大如扇。可列植作行道树，或孤植、片植于庭院、公园、草坪等处作点缀绿化。

大王椰 *Roystonea regia* (Kunth.) O. F. Cook

科　　属：棕榈科大王椰属。

别　　名：文笔树、棕榈树、王棕。

形态特征：常绿乔木，高 10～20 m。茎幼时基部膨大，老时近中部不规则膨大，向上渐狭。单叶互生或对生，羽状全裂，弓形并常下垂；羽片 4 列，线状披针形，渐尖，先端浅 2 裂。佛焰苞在开花前像 1 根垒球棒。花序长可达 1.5 m，多分枝；花小，雌雄同株。果近球形至倒卵形，熟时暗红色至淡紫色。种子 1 粒，歪卵形。

花 果 期：花期 3～4 月，果期 10 月。

产地与分布：原产于美洲热带地区。我国广西南部各地有分布。

生态习性：喜高温多湿气候，最低生长温度为 0℃。成年树耐短期轻霜，忌霜冻。对土壤要求不高，在酸性土或碱性土上均可生长，喜疏松、肥沃的土壤。

繁殖方法：播种繁殖。

观赏特性与应用：树姿雄伟，冠形如伞。适宜作行道树或风景树。

女王椰子 *Syagrus romanzoffiana* (Cham.) Glassm.

科 属：棕榈科女王椰子属。

别 名：皇后葵、金山葵。

形态特征：常绿乔木，高 10 ~ 15 m。叶片羽状全裂，2 ~ 5 片成组排列；羽片线状披针形，中脉明显，横脉细而密，两面及边缘均无刺，背面中脉上被鳞秕，先端浅 2 裂；叶柄及叶轴被易脱落的褐色鳞秕状茸毛。穗状花序腋生；花黄色，雌雄同株。果近球形或倒卵球形，新鲜时橙黄色，干后褐色。种子 1 粒，卵形或圆锥形。

花 果 期：花期 2 月，果期 11 月至翌年 3 月。

产地与分布：原产于巴西。我国广西南部各地有分布。

生态习性：喜温暖湿润气候，耐短期 –1℃低温。喜疏松、肥沃的酸性砂壤土。

繁殖方法：播种繁殖。

观赏特性与应用：树姿高大优美，羽叶飘逸下垂。可种于庭院、草坪、公园等处作风景树。

棕榈 *Trachycarpus fortunei* (Hook.) H. Wendl.

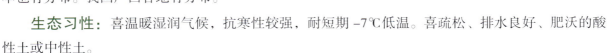

科　　属：棕榈科棕榈属。

别　　名：棕树、山棕。

形态特征：常绿乔木，高 3～10 m。树干圆柱形。叶片圆形或近圆形，掌状深裂；叶柄两侧具细圆齿，顶端具明显的戟突。肉穗花序从叶腋抽出，粗壮，多次分枝；花黄色。核果阔肾形，熟时由黄色变为淡蓝色。种子 1 粒，近肾形。

花 果 期：花期 3～4 月，果期 10～11 月。

产地与分布：分布于我国长江以南各地。日本也有分布。我国广西各地有分布。

生态习性：喜温暖湿润气候，抗寒性较强，耐短期 –7℃低温。喜疏松、排水良好、肥沃的酸性土或中性土。

繁殖方法：播种繁殖。

观赏特性与应用：树姿端庄、优美，叶大如扇，是南方常见的园林风景树。常种于庭院、市区干道、工矿区等处作园林绿化树。

禾本科

吊丝竹 *Dendrocalamus minor* **(McClure) Chia et H. L. Fung**

科　　属：禾本科牡竹属。

别　　名：乌药竹。

形态特征：秆近直立，高 6～12 m，梢端弓形弯曲或下垂；节间圆筒形，无毛，幼时密被白粉；分枝多条，束生于节上，主枝不明显；每小枝具叶 3～8 片。叶生于枝上端；叶片长圆状披针形，基部圆形，先端细长渐尖，两面均无毛，背面似被白粉，灰绿色。果长圆状卵形，棕色。

花　果　期：花期 10～12 月。

产地与分布：原产于广东、广西、贵州。广西各地有分布。

生态习性：喜温暖湿润气候，要求年均气温在 16℃以上，最低生长温度为 -5℃。对土壤要求不高，在酸性土上及石灰岩山地均能生长。

繁殖方法：扦插繁殖、分株繁殖。

观赏特性与应用：竹丛优美，竹叶翠绿秀丽，是集观赏与笋材等多用途于一体的优良竹。适种于广场、公园、庭院等处作景观配置植物。

花粉麻竹 *Dendrocalamus pulverulentus* var. *amoenus* (Q. H. Dai & C. F. Huang) N. H. Xia & R. S. Lin

科　　属：禾本科牡竹属。

别　　名：花吊丝竹。

形态特征：吊丝竹的变种，与吊丝竹的主要区别在于本种较矮小，高 5 ~ 8 m。秆直径 4 ~ 6 cm；节间浅黄色，具 5 ~ 8 条深绿色纵条纹。颖 3 片，内稃先端 2 裂。

花 果 期：花期 10 ~ 12 月。

产地与分布：广西特有种，主产区为宜州、大化、田阳、上林、马山等县（区）。

生态习性：喜温暖湿润气候，要求年均气温在 16℃以上，最低生长温度为 –5℃。对土壤要求不高，在酸性土上及石灰岩山地均能生长。

繁殖方法：扦插繁殖、分株繁殖。

观赏特性与应用：竹秆浅黄色，具深绿色条纹，顶梢长而下垂，甚为美丽。可种于庭院、生活小区、公园等处作观赏竹。

中文名索引

拉丁名索引